SCHRIFTEN ZUR FORSTÖKONOMIE

Herausgeber

PROF. DR. RER. POL. Volker Bergen UNIVERSITÄT GÖTTINGEN

PROF. DR. RER. NAT. Horst Dieter Brabänder UNIVERSITÄT GÖTTINGEN

BAND 30

Ökonomische Optimierung von Durchforstungen und Umtriebszeit

- eine modellgestützte Analyse am Beispiel der Kiefer -

Christian Wippermann

J.D. Sauerländer's Verlag, Frankfurt am Main

Christian Wippermann, geb. 1973 in Hamburg, studierte Forstwissenschaften an der Georg-August Universität Göttingen. Dem Diplom-Examen 1999 folgte ein zweijähriger Studienaufenthalt an der Yale University in den USA, der mit dem Master of Forestry abgeschlossen wurde. Nach einer Zeit als wissenschaftlicher Mitarbeiter und Doktorand am Institut für Forstökonomie der Fakultät für Forstwissenschaften und Waldökologie in Göttingen ist der Autor seit 2003 bei McKinsey & Company tätig.

ISSN 0941-1577
ISBN 3-7939-7030-2

Bibliografische Information Der Deutschen Bibliothek

Die Deutsche Bibliothek verzeichnet diese Publikation in der Deutschen Nationalbibliografie; detaillierte bibliografische Daten sind im Internet über http://dnb.ddb.de abrufbar.

Umschlag: W. Tambour, Göttingen

Druck: Pachnicke, Göttingen

Vorwort

Mein besonderes Interesse für die Problematik der ökonomisch optimalen Bestandesbehandlung wurde während meines Studiums in Deutschland und in den USA geweckt. Viele Diskussionen in Vorlesungen wie auf Exkursionen haben mich motiviert, nach ökonomischen Erklärungen für die bei der Bestandesbehandlung beobachteten Gemeinsamkeiten und Unterschiede zu suchen.

Die vorliegende Schrift entspringt meiner Dissertation an der Fakultät für Forstwissenschaften und Waldökologie der Georg-August-Universität Göttingen. Am Institut für Forstökonomie (Abteilung Betriebswirtschaftslehre) konnte ich mich intensiv mit meinem besonderen Interessensgebiet befassen – angeleitet von Prof. Dr. Bernhard Möhring. Ihm möchte ich gerne danken für wertvolle inhaltliche Anregungen, die es ermöglichten, die komplexe Thematik zu strukturieren. Darüber hinaus bin ich Herrn Professor Möhring sehr dankbar für seine Bereitschaft, mich ebenso nach Aufnahme meiner Berufstätigkeit zu betreuen.

Herrn Prof. Dr. Dr. h.c. Klaus v. Gadow, der mich 1999 – gemeinsam mit Herrn Professor Möhring – bereits bei meiner Bewerbung um das USA-Stipendium unterstützte, danke ich für die Übernahme des Koreferats.

Für anregende Gespräche im Zusammenhang mit der Dissertation danke ich Herrn Prof. em. Dr. Dr. h.c. Horst-Dieter Brabänder. Ich freue mich, dass diese Arbeit in der Schriftenreihe des Instituts für Forstökonomie veröffentlicht wird.

Bei Herrn PD Dr. Thomas Smaltschinski bedanke ich mich für die Hinweise zur Formulierung des verwendeten Wuchsmodells für die Kiefer.

Meine Kolleginnen und Kollegen am Institut haben mich vielfach unterstützt. Mein Dank gilt Georg Leefken, Roland Olschewski, Ursula Rüping, Jan Stetter, Frederik Volckens, Klaas Wellhausen, Markus Ziegeler sowie Frau Ingrid Helmold.

Mittel des Bundesministeriums für Forschung und Technologie (Teilvorhaben 2.3 "Ökonomisch optimierte Nutzung" im Forschungsvorhaben "Indikatoren und Strategien für eine nachhaltige, multifunktionelle Waldnutzung – Fallstudie Waldlandschaft Solling") sowie ein Stipendium der Georg-August-Universität (Gradfög) ermöglichten meine Tätigkeit in Göttingen.

Ein herzlicher Dank gilt meinen Eltern, meiner Schwester und meinen Freunden.

Christian Wippermann

Inhaltsverzeichnis

Abbildungen

Tabellen

1 Einleitung

1.1 Motivation

Aus ökonomischer Sicht stellt sich im Forstbetrieb fortlaufend die Frage nach der optimalen Allokation des in den vorhandenen Waldbeständen gebundenen Kapitals. Wie sollte die Bestandesbehandlung gestaltet werden, um die vorhandenen finanziellen Mittel möglichst vorteilhaft einzusetzen?

Letztlich wird nach erfolgreicher Bestandesbegründung zwar 'nur' über die Ernte von Bäumen im zeitlichen Ablauf entschieden, doch stellt die ökonomische Optimierung der Bestandesbehandlung, d.h. von Durchforstungen und Umtriebszeit, ein komplexes Problem dar. Bis zum Ende eines Umtriebs ergibt sich eine Vielzahl möglicher Pfade, die sich in Bezug auf Zeitpunkt, Art und Stärke der Eingriffe unterscheiden. Jede Entnahme von Stämmen ist irreversibel und bestimmt künftige Handlungsoptionen. Gleichzeitig ist eine Ernteentscheidung nur auf Basis verschiedener Annahmen zum künftigen Wachstum sowie zur Entwicklung der Holzpreise und der anfallenden Kosten möglich (vgl. u. a. MEILBY 2001, MÖHRING 2001, NEWMAN 2000).

Die umfangreiche Literatur zur optimalen Bestandesbehandlung nähert sich der Problematik auf unterschiedliche Weise. In waldbaulich-ertragskundlich fundierten Studien werden Ergebnisse aus Feldversuchen oder Simulationen präsentiert und Handlungsempfehlungen für die Praxis gegeben. In ökonomisch motivierten Aufsätzen stehen analytischen Ableitungen der optimalen Lösung des Bestandesbehandlungsproblems Untersuchungen auf Basis unterschiedlicher Wuchsmodelle gegenüber – meist jedoch ohne Empfehlungen für die forstliche Praxis zu geben.

In der Regel betrachten die vorhandenen Untersuchungen unterschiedliche wirtschaftliche Zielsetzungen, nämlich je nachdem, ob eine alternative Kapitalanlagemöglichkeit oder die Maximierung des jährlichen Deckungsbeitrages aus einem existierenden Forstbetrieb unterstellt wird. Die umfangreiche ökonomisch motivierte Literatur aus Nordamerika und Skandinavien fußt auf der Annahme der Freiheit in der Wahl alternativer Kapitalanlagemöglichkeiten bzw. unterstellt knappe finanzielle Mittel

(NEWMAN 2002). Optimale Bestandesbehandlung und Umtriebszeit werden deshalb mit Hilfe eines Investitionskalküls bestimmt.

Da die Betrachtung in der Regel allein auf der Bestandesebene erfolgt, ergibt sich jedoch kein Eindruck des aus betrieblicher Sicht wichtigen Effektes auf den sog. Brutto-Waldreinertrag, also den jährlichen durchschnittlichen Deckungsbeitrag aus dem Forstbetrieb vor Abzug der Verwaltungskosten. Um nämlich die geforderte Kapitalrentabilität erreichen zu können, muss dem Forstbetrieb möglicherweise Kapital entzogen werden, das sich nicht ausreichend verzinst. Infolgedessen würde das Ertragspotential des Forstbetriebs geschwächt und der durchschnittliche Deckungsbeitrag zukünftig sinken.

Mitteleuropäische Untersuchungen beschäftigen sich mit der Fragestellung traditionell aus der Perspektive des nachhaltig bewirtschafteten Forstbetriebs (MÖHRING 2001). Auf Basis des sog. Normalwaldmodells – anstelle eines zeitlichen Nacheinander wird ein räumliches Nebeneinander betrachtet – wird die rentabelste Bestandesbehandlung bestimmt. Diese wird im Normalwaldmodell erzielt, wenn keine Kapitalkosten unterstellt werden, also eine Zinsforderung von 0% vorliegt.

1.2 Problemstellung

Aufgrund der Langfristigkeit forstlichen Wirtschaftens und der Abhängigkeit von den örtlichen Produktionsbedingungen ist es unmöglich, allgemein gültige waldbauliche Vorgaben zu entwickeln. Umso wichtiger ist die Kenntnis der qualitativen Eigenschaften der optimalen Lösung des Bestandesbehandlungsproblems – sowohl aus waldbaulich-ertragskundlicher wie auch aus ökonomischer Perspektive.

Aus ökonomischer Perspektive ergeben sich zwei konkurrierende Zielsetzungen: Maximierung der Kapitalrentabilität aus Sicht eines Investors oder Maximierung des durchschnittlichen jährlichen Deckungsbeitrags aus Sicht eines Unternehmers. Der in den meisten vorliegenden Studien zur optimalen Bestandesbehandlung gewählte Ansatz, nur eine dieser Perspektiven einzunehmen, führt dazu, dass Lösungen, die entweder keine Kapitalkosten unterstellen oder die Frage nach der Höhe des jährlichen Deckungsbeitrags ausblenden, als optimal vorgestellt werden. Somit wird nicht deutlich, welche qualitativen Unterschiede zwischen den jeweiligen optimalen Lösungen bestehen.

Aus forstökonomischer Sicht sollte eine effiziente Kapitalverwendung unter Wahrung der Nachhaltigkeitsrestriktionen Ziel des Wirtschaftens sein – die knappen finanziellen Mittel sollten möglichst effizient eingesetzt werden, ohne durch einen Kapitalverzehr den zukünftigen jährlichen Deckungsbeitrag zu schmälern (vgl. WOHLERT 1993; MÖHRING 1994, 2001; DUFFNER 1994, 1999; HYTTIÄINEN UND TAHVONEN 2003). Damit müssen Strategien aus dem Katalog der waldbaulich-ertragskundlichen Möglichkeiten ausgewählt und vor der betrieblichen Ausgangssituation bewertet werden.

Freilich geht es nicht nur um die Kenntnis der qualitativen Eigenschaften in Abhängigkeit von der Zielsetzung. Angesichts der weitgehenden Annahmen, die bei der Bewertung von Bestandesbehandlungsstrategien getroffen werden müssen, ist die Kenntnis der Sensitivität der optimalen Lösung für Änderungen der wichtigsten Eingangsparameter wie bspw. des durchmesserabhängigen Holzerlöses und der Kosten für Bestandesbegründung von hoher Bedeutung. In den bekannten Studien werden diese Fragen oft nur unvollständig behandelt. Eine Untersuchung, die sich der vorhandenen Modelle aus Mitteleuropa bedient und sowohl die qualitativen Unterschiede in Abhängigkeit von der ökonomischen Zielsetzung als auch die Sensitivitäten herausarbeitet, fehlt noch. Ebenso liegen keine Untersuchungen vor, die sich in diesem Kontext mit der ökonomischen Optimierung der Naturverjüngungswirtschaft beschäftigen.

Im Vergleich der Nadelbaumarten ist die Kiefer eine aus waldbaulich-ertragskundlicher wie aus betriebswirtschaftlicher Sicht problematische Baumart. Dem hohen Aufwand bei der Bestandesbegründung und Jungbestandspflege stehen vergleichsweise niedrigere Erlöse für Stammholz gegenüber, so dass sich insgesamt eine niedrige Rentabilität ergibt. Als Lichtbaumart eröffnet sie wesentlich weniger zeitlichen Spielraum für eine Optimierung der Bestandesbehandlung als dies bei den anderen Hauptbaumarten der Fall ist, die auch im fortgeschrittenen Alter einen höheren Volumenzuwachs leisten können. Obwohl vielerorts die Douglasie eine Alternative zur ertragsschwächeren Kiefer ist (KROTH 1982; MÖHRING UND WIPPERMANN 2001), lassen die Untersuchungen von HUSS (1982, 1995), die positiven Erfahrungen mit der

Naturverjüngungswirtschaft (JUNACK 1972; RÖHE 1998) und die Bedeutung nichtbetriebswirtschaftlicher Zielsetzungen jedoch Potenzial für die Kiefer erkennen.

1.3 Ziel der Untersuchung

Ziel dieser Untersuchung ist, anhand eines Bestandeswuchsmodells für die Kiefer (*Pinus silvestris*, Lin.), welches die alters- und dichteabhängige Zuwachsreaktion abbilden kann, die ökonomischen Eigenschaften des Bestandesbehandlungsproblems – also die Ökonomie des Begründens, Pflegens, Erntens und der Wiederbegründung eines Baumbestandes – zu untersuchen. Die Kiefer steht besonders exemplarisch für die aus theoretischer und praktischer Sicht relevante Frage, welche Aspekte beachtet werden müssen, wenn alternative Bestandesbehandlungsregimes aus ökonomischer Sicht zu analysieren sind.

Um dieses Ziel zu erreichen, wird in zwei Schritten vorgegangen. Zunächst erfolgen die Betrachtung und der Vergleich der qualitativen Eigenschaften ökonomisch optimaler Bestandesbehandlungsregimes. Wie unterscheiden sich optimale Durchforstungen und Umtriebszeit bei Maximierung des (Brutto-)Waldreinertrags von denjenigen bei der Maximierung des Bodenertragswertes bei positiver Zinsforderung? Dabei soll sowohl die Bestandeswirtschaft mit künstlicher Verjüngung als auch die zweistufige Naturverjüngungswirtschaft untersucht werden.

Anschließend soll es um die Frage gehen, wie – bei gegebener Ausgangskonstellation – eine Verbesserung der Kapitalallokation in einer Betriebsklasse erreicht werden kann, ohne den durchschnittlichen Deckungsbeitrag und den Vorratswert zu schmälern. Die aus der Untersuchung des Bestandesbehandlungsproblems gewonnenen qualitativen Erkenntnisse sollen dabei zur Anwendung kommen.

Die Untersuchung hat nicht das Ziel, konkrete Handlungsempfehlungen zu geben. Vielmehr gilt es, durch die Fortentwicklung der forstökonomischen Analyse Erkenntnisse zu liefern, die für die Entscheidungsfindung in der forstlichen Praxis nützlich sind.

2 Modellierung des Bestandeswachstums am Beispiel der Kiefer

2.1 Ökonomische Aspekte der Kiefernwirtschaft

Die Kiefer ist eine aus betriebswirtschaftlicher Sicht problematische Baumart. Dem hohen Aufwand bei gewöhnlich künstlicher Bestandesbegründung stehen vergleichsweise niedrige Erlöse im höheren Alter gegenüber. Zusätzlich ist die Wuchsleistung im Vergleich mit Fichte und Douglasie deutlich geringer. Für viele Forstbetriebe stellt sich deshalb die Frage, welche waldbaulichen Maßnahmen bzw. welche Betriebsform die Rentabilität der Bestandeswirtschaft verbessern können (MÖHRING UND WIPPERMANN 2001).

Die Untersuchungen von HUSS (1982, 1995) zeigen, dass bei Bestandesbegründung und Jungwuchspflege bzw. Läuterung ein erhebliches Potenzial zur Verbesserung der Rentabilität der Kiefernwirtschaft besteht. Niedrigere Ausgangspflanzenzahlen bei der Kultur und kräftige Reduktionen der Stammzahl in jungen Beständen vor Kulmination des Höhenzuwachses führen zu einem deutlichen Lichtungszuwachs, ohne dass die Flächenproduktivität im Vergleich zu den Wiedemann'schen Ertragstafeln (WIEDEMANN 1942) wesentlich zurückgeht. Es besteht die Möglichkeit, bei der ersten Durchforstung einen höheren Deckungsbeitrag zu erzielen und insgesamt früher technische Zielstärken zu erreichen. SPELLMANN (1995/1) sieht ebenfalls Potenzial durch Verbesserung der Bestandesbegründung und Bestandespflege, weist aber daraufhin, dass der zunächst realisierte Lichtungszuwachs zu erhöhtem Wertzuwachs führen kann, gleichzeitig aber die Massenleistung senkt.

Eine Vielzahl von Untersuchungen beschäftigt sich mit der Durchforstung von Kiefernbaumhölzern. Dabei wird die Frage untersucht, welche Art der Durchforstung vorteilhaft ist und wie sich Eingriffstärke und -zeitpunkt auf Volumen-, Sorten und Wertleistungen auswirken. Empfohlen wird beispielsweise, durch frühe Durchforstungen die Ausbildung großer Kronen zu fördern und im höheren Alter die Stammzahlhaltung so zu gestalten, dass eine möglichst hohe Flächenproduktivität gewährleistet wird (SPELLMANN 1995/2). FRANZ empfiehlt 1982 die gestaffelte Durchforstung und – unter Einschränkungen – die Z-Baum Durchforstung. Einschränkungen deshalb, weil die Z-Baum Durchforstung in ihrem Gesamterfolg vom Überleben der Z-Bäume bis zum

Erreichen der geplanten Umtriebszeit abhängt. Die gestaffelten Durchforstungen führen zu einer Reduktion der Vornutzungsprozente aber zu höchsten Leistungen im Starkholz, während bei Lichtung und Niederdurchforstung besonders viel Schwachholz anfällt. Eine andere Untersuchung aus demselben Jahr weist daraufhin, dass bei der Lichtung die Massenverluste nicht durch eine erhöhte Wertleistung ausgeglichen werden können (STRATMANN 1982).

Die Lichtbaumart Kiefer kann natürlich verjüngt und damit in einem Überhalt- bzw. Schirmschlagbetrieb bewirtschaftet werden. Die natürliche Verjüngung bietet die Möglichkeit, die Kosten der Bestandesbegründung deutlich zu reduzieren. Gleichzeitig kann im Oberstand Wertholz produziert werden. Im Gegensatz zur Fichte ist es aber notwendig, sehr starke Hiebe zu führen, um der Verjüngung einen ausreichenden Wuchsraum zur Verfügung zu stellen. Während in einem Investitionskalkül starke Eingriffe vorteilhaft sind, reduzieren diese die betriebliche Vorratshaltung und damit die Möglichkeit, zu späteren Zeitpunkten Liquidität generieren zu können. Zusätzlich ergeben sich durch die Auflichtung der Bestände Risiken infolge von Windwurf sowie durch Pilzbefall im höheren Alter. Die Bodenvegetation kann mit der auflaufenden Naturverjüngung konkurrieren und so den Aufwand für die Verjüngung deutlich erhöhen (DOHRENBUSCH 1994). Schließlich ist zu hinterfragen, ob eine Produktion von Wertholz angesichts der zunehmend nachlassenden Preise für Kiefernstarkholz eine Überführung in den Überhaltbetrieb überhaupt sinnvoll erscheinen lassen (vgl. BAADER 1941; WIEDEMANN 1948; JUNACK 1972; RÖHE 1998; KNOKE UND PETER 2001; MÖHRING UND WIPPERMANN 2001).

2.2 *Modellierung des Wachstums als Voraussetzung der ökonomischen Optimierung*

Die Analyse forstlicher Entscheidungsprobleme ist sehr komplex. Infolge der Langfristigkeit der Produktion und der damit verbundenen Unwägbarkeiten können Entscheidungen nur auf Basis eines begrenzten Informationsstandes getroffen werden. Umso wichtiger ist es, die Auswirkungen von Entscheidungen einschätzen zu können.

Mit Hilfe von Modellen kann sowohl ein Verständnis der zu beurteilenden Zusammenhänge entwickelt als auch eine Entscheidung getroffen werden. Letzteres erfordert die Ableitung von Maßnahmen, die für die Zielerreichung notwendig sind. Aus Sicht der praktisch-normativen Entscheidungstheorie gehen dabei in ein Modell gleichermaßen faktische wie auch wertende Entscheidungsprämissen ein. Um diesen Zwecken dienen zu können, müssen bestimmte Vorraussetzungen erfüllt werden. Obwohl Modelle „vereinfachende Abbildungen realer Tatbestände“ sind, wird gefordert, dass ein „Modell durch Strukturgleichheit bzw. -ähnlichkeit zwischen Realsystem und Modell“ gekennzeichnet ist. Es muss möglich sein, von der Modellanalyse auf die Wirklichkeit zu schließen. Ein Modell sollte deshalb „eine zweckorientierte relationseindeutige Abbildung der Realität“ sein (BAMBERG UND COENENBERG 1989, S. 13).

Waldwachstumsmodelle sind Prognosemodelle (v. GADOW 2003, S. 143). Sie ermöglichen u. a. ein Verständnis für die Implikationen unterschiedlicher Maßnahmen zu gewinnen und können somit faktische Prämissen für ein Entscheidungsmodell liefern. DAVIS UND JOHNSON (1987, S. 100) unterscheiden drei Klassen von Waldwachstumsmodellen: dichteunabhängige und dichteabhängige Bestandesmodelle, Durchmesserstufenmodelle sowie Einzelbaummodelle.

Die weithin verbreiteten Ertragstafeln ermöglichen als dichteunabhängige Bestandesmodelle nur in sehr eingeschränkter Weise die Untersuchung von Produktionsprogrammen, die vom vorgezeichneten Pfad abweichen. Die Analyse und Optimierung der Bestandesbehandlung basiert deshalb auf dichteabhängigen Waldwachstumsmodellen, die unterschiedliche Entwicklungspfade abbilden können. Welche Modelle zum Einsatz kommen, hängt sowohl vom Zweck der Untersuchung als auch von der Verfügbarkeit der Modelle ab (WIKSTRÖM 2000, S. 11). Im Folgenden wird die Eignung von Einzelbaum- und Bestandesmodellen vor dem Erkenntnisziel dieser Untersuchung, also der Analyse der grundlegenden ökonomischen Zusammenhänge, diskutiert.

2.2.1 Verwendung von Einzelbaummodellen

Prognosemodelle, die eine Untersuchung möglicher Pfade der Bestandesentwicklung zulassen, liegen mittlerweile in unterschiedlichster Form vor. Zunehmend Verbreitung in der forstlichen Praxis Mitteleuropas und darüber hinaus finden die anspruchsvollen Einzelbaum-Modelle, welche die Dichteabhängigkeit des Wachstums sehr präzise abbilden können (z. B. PRETZSCH 2001, S. 193; NAGEL, ALBERT UND SCHMIDT 2002). Diese Modelle berücksichtigen die Entwicklung der einzelnen Bestandesmitglieder und die Konkurrenzsituation anhand von Dichte- und Strukturmerkmalen. Sie sind damit besonders gut für die Modellierung unterschiedlicher Durchforstungsarten oder für die Prognose des Wachstums von Mischbeständen geeignet, wie eine Vielzahl von Untersuchungen zeigt (JACOBSEN, MÖHRING UND WIPPERMANN 2003).

MÖHRING, WIPPERMANN UND STETTER (2003) untersuchen mit Hilfe des Simulators SILVA 2.2 Überführungsstrategien in einem Forstbetrieb mit der Hauptbaumart Kiefer. Die Möglichkeit der natürlichen Verjüngung stellt eine betriebswirtschaftlich interessante Alternative zur Wirtschaft mit künstlicher Verjüngung dar. Mit Hilfe eines Einzelbaumsimulators kann untersucht werden, wie sich unterschiedliche Auflichtungsstrategien auf den Wertzuwachs und den betrieblichen Vorratswert auswirken.

Ein besonderer Vorteil ist die vorgesehene Übernahme von Informationen aus einer Bestandesinventur in den Simulator. Auf diese Weise können die charakteristischen Wuchseigenschaften der Lichtbaumart Kiefer auf Basis der vorhandenen Bestandesstruktur berücksichtigt werden (PRETZSCH 2001, S. 264). Die Identifikation eines geeigneten Überführungsregimes auf Betriebsebene erfordert die Festlegung eines Stratums (Zusammenfassung von Inventurpunkten nach dem Bestandesalter), sowie von Art und Intensität des Eingriffs und der weiteren Behandlung nach Auflaufen der natürlichen Verjüngung. Bereits ohne Beachtung der Interaktionen zwischen Oberstand und Verjüngung ergibt sich ein enorme Variantenzahl: die Herausforderung besteht darin, durch eine geschickte Simulation ein realistisches Variantenspektrum unter Beachtung der Zielsetzung abzudecken. Die jeweiligen Ergebnisse können dann einer Analyse unterzogen werden, die unterschiedliche Zielsetzungen in Betracht zieht.

Sieht man von der überhaupt hohen Komplexität der Modellierung des Wachstums einzelner Bäume ab, ist die Zahl der notwendigen faktischen Entscheidungsprämissen verhältnismäßig groß. Die Optimierung der Bestandesbehandlung mit Hilfe von Einzelbaumsimulatoren verlangt deshalb eine Begrenzung der Steuerungsgrößen und einen sehr leistungsfähigen Optimierungsalgorithmus. Untersuchungen dazu haben bspw. HAIGHT (1985), VALSTA (1993) und WIKSTRÖM (2000) getätigt.

Der Einsatz der Simulatoren im Rahmen von sog. Entscheidungsunterstützungssystemen (Decision Support Systems (DSS)) erfolgt ohne Optimierung und vereinfacht die Steuerung für den Benutzer, weil durch das DSS eine Strukturierung des Entscheidungsproblems vorgenommen wird. Die Komplexität des Modells wird auf diese Weise nicht vollständig in die Bedienung übernommen (SODTKE ET AL. 2004).

Alternativ bietet sich an, mit Hilfe dieser Simulatoren Datensätze zu generieren, die anschließend für die Parametrisierung eines einfacheren Wuchsmodells verwendet werden. ARTHAUD UND KLEMPERER (1988) nutzen diese Möglichkeit und optimieren mit Hilfe der dynamischen Programmierung Hoch- und Niederdurchforstung bei Loblolly Pine (*Pinus teada*).

Viele Autoren wählen für die Untersuchung der grundlegenden ökonomischen Zusammenhänge weniger komplexe Modelle, um so den Einfluss der relevanten Zielgrößen auf die optimale Bestandesbehandlung eindeutig in den Mittelpunkt stellen zu können.

2.2.2 Verwendung von Bestandes- und Durchmesserklassenmodellen

Die sog. dichteabhängigen Bestandes- und Durchmesserklassenmodelle werden bislang bevorzugt in Studien verwendet, die sich mit der ökonomischen Optimierung von Durchforstungen und Umtriebszeit beschäftigen. Sie erlauben auf Basis von Mittelwerten (einfache Bestandesmodelle) sowie zusätzlich auf Basis von Informationen zu definierten Durchmesserklassen eine ökonomische Analyse der Bestandesbehandlung.

Die Modellierung auf Basis von Mittelwerten nutzen bspw. GONG (1995) und LOHMANDER (1992), die beide ein Grundflächenfortschreibungsmodell in ihren Studien verwenden. Zwei Studien aus Finnland (HYYTIÄNEN UND TAHVONEN 2002, 2003) basieren ebenfalls auf diesem verhältnismäßig einfachen Modelltyp, um die Auswirkungen waldbaulicher Rahmenvorgaben und unterschiedlicher Umtriebszeiten auf die ökonomische Effizienz für die Baumarten Fichte und Kiefer zu untersuchen.

Da die Steuerung über die Grundflächenentnahme erfolgt, ist es nicht möglich, zusätzlich eine Optimierung der Durchforstungsart, z.B. bezüglich einer Hoch- oder Niederdurchforstung, durchzuführen. Hierfür wäre es notwendig, die Veränderung der Durchmesserverteilung infolge eines Eingriffs zu berücksichtigen (v. GADOW 2004, S. 185). Diese zusätzliche Komplexität bilden die sog. Durchmesserklassenmodelle ab, welche für festgelegte Durchmesserklassen Informationen zur Stammzahlverteilung berücksichtigen. Eine Optimierung kann somit unterschiedliche Durchforstungsregime abdecken. Bei diesen Modellen, die auch als Repräsentativbaummodelle bezeichnet werden, liegt eine Kombination aus Informationen in Form von Summen- und Mittelwerten sowie Häufigkeitsverteilungen vor (v. GADOW 2004, S. 196). BRODIE UND KAO (1979), SOLBERG UND HAIGHT (1991) wie auch BOUNGIORNO (1998) nutzen bspw. diesen Modelltyp.

Ziel der vorliegenden Studie ist, die grundsätzlichen Auswirkungen ökonomischer Zielsetzungen auf die optimale Bestandesbehandlung zu untersuchen – dabei steht die Optimierung der Durchforstungsart nicht im Vordergrund. Deshalb wird ein dichteabhängiges Bestandeswuchsmodell ausgewählt, dass auf Basis von Mittelwerten eine Prognose erlaubt. Dieses Modell wird im Folgenden vorgestellt.

2.3 *Ein Bestandeswuchsmodell für die Kiefer (Pinus silvestris Lin.)*

2.3.1 Modellierung einstufiger Kiefernbestände

Im Folgenden wird ein Bestandeswuchsmodell vorgestellt, mit Hilfe dessen der Produktionsprozess aus ökonomischer Sicht analysiert werden soll. Es handelt sich um ein Mittelstamm-Modell, welches die altersabhängige Darstellung des Bestandeswachstums unter Berücksichtigung der Bestandesdichte ermöglicht. Das Modell wurde mit Hilfe von Daten aus der Untersuchung von SMALTSCHINSKI (2001), ergänzt durch Daten von HUSS (1995, S. 88 ff.), auf Basis der Ertragstafel WIEDEMANN II. Ekl. parametrisiert. Die Formulierung lehnt sich an bei MEILBY (2001), der für die Baumart Fichte zunächst einen Ansatz ohne Berücksichtigung der dichteabhängigen Zuwachsreaktion formuliert hat.

Das Volumen des Grundflächenmittelstamms lässt sich mit Hilfe einer allometrischen Volumengleichung beschreiben, wobei V für das Volumen, D für den Durchmesser und H für die Höhe des Volumenmittelstammes stehen (vgl. SMALTSCHINSKI 2001, S. 4 ff.). Dabei sind α, β und γ drei Parameter, die mit Hilfe einer nichtlinearen Regression geschätzt werden können. In dieser Arbeit werden Parameter von SMALTSCHINSKI (2001, S. 60) übernommen; der Autor hat auf Basis der ersten Bundeswaldinventur (BWI 1990) aus den BWI-Tariffunktionen diese Parameter mit $\alpha = -9{,}4884$, $\beta = 2{,}3533$ und $\gamma = 0{,}3538$ geschätzt.

$$\overline{V} = \alpha \overline{D}^{\beta} \overline{H}^{\gamma} \tag{1}$$

Mit Hilfe der Volumenfunktion kann nun analog zur Darstellung in der Ertragstafel abgebildet werden, wie sich der Bestand in einer Periode vor und nach der Durchforstung darstellt. Zu Beginn der Periode werden Volumen, Höhe und Stammzahl gesetzt und der Durchmesser durch Umstellen der obigen Gleichung berechnet. Dieser Durchmesser entspricht nicht dem des Grundflächenmittelstammes, jedoch unterscheiden sich diese nur wenig (PRODAN 1965 in SMALTSCHINSKI 2001, S. 61). Der sich dabei ergebende Fehler für den Durchmesser liegt nach SMALTSCHINSKI bei 1-2%; ein Ergebnis, das bei Volumenfunktionen akzeptabel ist (KUBLIN UND SCHARNAGEL 1988, in SMALTSCHINSKI 2001, S. 61).

$$\overline{D} = \sqrt[\beta]{\frac{\overline{V}}{\alpha \overline{H}^{\gamma} N}} \tag{2}$$

Der Eingriff bzw. die Nutzung wird über die Anzahl der entnommenen Stämme definiert. Der Durchmesser des ausscheidenden Bestandes ergibt sich aus der Multiplikation des D_{t1} mit einem Faktor, der das Verhältnis zwischen Durchmesser des ausscheidenden (D_{t2}) und des Bestands vor der Durchforstung (D_{t1}) definiert. Auf Basis der Ertragstafeln von WIEDEMANN hat SMALTSCHINSKI (2001, S. 72) für die mäßige Durchforstung ein durchschnittliches Durchmesserverhältnis von 0,89 bestimmt. Für die starke Durchforstung liegt dieses bei 0,95. In dieser Untersuchung sind die Durchmesserverhältnisse fixiert. Im Alter 30 beträgt das Verhältnis 0,75, im Alter 35 0,85, im Alter 40 0,9 und im Alter 45 0,925. Anschließend beträgt das Durchmesserverhältnis immer 0,95. Damit werden niederdurchforstungsartige Eingriffe unterstellt.

Die Höhe des Mittelstammes nach der Durchforstung wird mit Hilfe einer Höhengleichung berechnet. In diese gehen die Durchmesser des ausscheidenden sowie des Bestandes vor der Durchforstung ein. Damit wird berücksichtigt, dass sich ausscheidendes und verbleibendes Kollektiv je nach Art der Durchforstung in ihren Mittelstämmen unterscheiden (MEILBY, 2001).

$$H_{t3} = a + (H_{t1} - a)\frac{\ln(D_{t2})}{\ln(D_{t1})} \tag{3}$$

Der Parameter a wurde mit Hilfe der Gleichung $H_t = a + b\log_{10}(D_t)$ abgeleitet, wobei angenommen wird, dass a eine von Bestandesalter und Durchforstungsart unabhängige Konstante ist. Für die Kiefer wurde auf Basis der Ertragstafel 2. Ekl. nach WIEDEMANN (1942) aus den Daten für mäßige und starke Durchforstung ein Wert von $a = 5{,}92$ geschätzt.

Das Volumen des ausscheidenden Bestandes wird mit Hilfe der obigen Gleichung 1 berechnet. Im verbleibenden Bestand findet sich die Differenz aus dem Volumen vor der Durchforstung und dem ausscheidenden Volumen sowie analog die Differenz der Grundflächen. Durch Umstellung der Gleichung 1 kann nun berechnet werden, wie hoch der Mittelstamm ist, wobei der Durchmesser aus der Grundfläche unter Verwendung der Stammzahl hergeleitet wird.

Als Wachstumsfunktion wird eine lineare, homogene, partielle Differentialgleichung nach SLOBODA (in SMALTSCHINSKI 2001, S. 39) verwendet, welche das Niveau der Ertragstafel WIEDEMANN, II. Ekl., starke Durchforstung (1942) abbilden kann. Aus dieser Tafel wird auch der Höhenzuwachs übernommen. Dieser kann ebenfalls mit Hilfe der von SLOBODA entwickelten Gleichung dargestellt werden.

Die Ausgleichsfunktion berücksichtigt die Bonität (B) anhand des entsprechenden Wertes aus der Ertragstafel für die Gesamtwuchsleistung (hier 608 Vfm) bzw. für die Mittelhöhe (hier 24,5 m) im Alter 100. Sie besitzt folgende Form:

$$Sl(t,B) = d(B/d)^{\exp(f(t))} \text{ mit } f(t) = b(t^{-a} - t_B^{-a})/a \qquad (4)$$

Die einfließenden Parameter wurden von Smaltschinski (2001, S. 42 und S. 46) geschätzt.

Tabelle 1: *Parameter der Ausgleichsfunktion SL nach SMALTSCHINSKI (2001)*

Parameter	a	b	c
Höhe	-0,5452	2,358	244,29
Gesamtwuchsleistung	-0,4089	2,436	6012,90

Die dichteabhängige Zuwachsreaktion lässt sich mit Hilfe der sog. Zuwachsreduktionsfaktoren nach MEYER (1976, in SMALTSCHINSKI 2001, S. 65) darstellen. Diese Reduktionsfaktoren ermöglichen – in Abhängigkeit von der Oberhöhe – die dichteabhängige Bestimmung des Zuwachses auf Basis der vorhandenen Grundfläche bzw. des Bestockungsgrades. Abbildung 1 zeigt diese beispielhaft für die Kiefer bei Bestandeshöhen von 5, 15 und 25 m. Mit zunehmender Bestandeshöhe nimmt die Ausbauchung der Kurven ab – Veränderungen der Bestandesdichte wirken sich zunehmend weniger auf den Zuwachs aus.

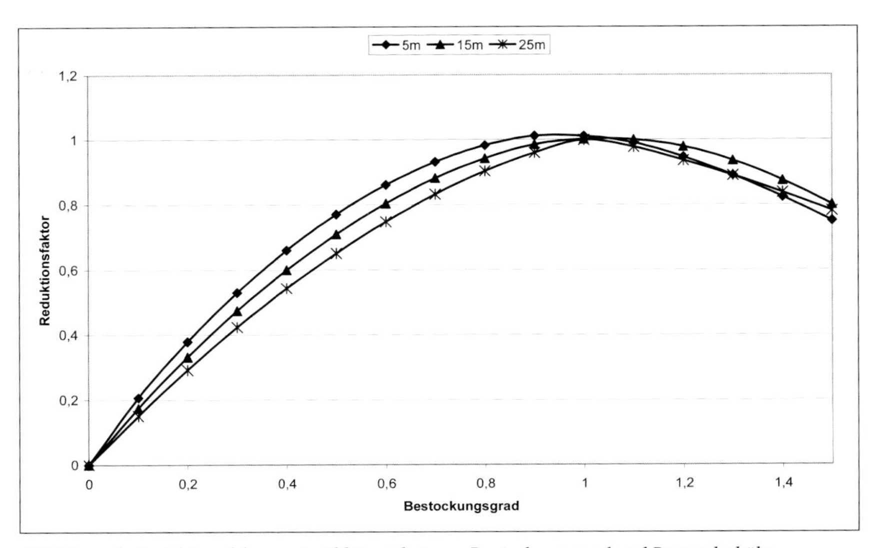

Abbildung 1: *Reduktionsfaktoren in Abhängigkeit von Bestockungsgrad und Bestandeshöhe*

Die von MEYER (a.a.O.) diskret dargestellten Reduktionsfaktoren (RF) werden als Parabeln formuliert, um die Programmierung des Optimierungsmodells in Excel zu erleichtern.

$$RF = (0{,}1735\ln(H_{t3}) - 1{,}361)BG_{t3}^2 + (-0{,}2205\ln(H_{t3}) + 2{,}4566)BG_{t3} \tag{5}$$

Um den Bestockungsgrad zu berechnen, wird die Grundfläche des verbleibenden Bestandes ins Verhältnis zur Grundfläche der zugrunde liegenden Ertragstafel von WIEDEMANN gesetzt. Tabelle 2 zeigt diese Werte für das Bestandesalter 25 bis 140. Die resultierende Größe fließt dann in die Formel 5 zur Berechnung des Zuwachsreduktionsfaktors ein.

Die Darstellung des Volumens im Modell entspricht Vorratsfestmetern. Die Umrechung in Erntefestmeter erfolgt durch Multiplikation mit dem Faktor 0,8.

Tabelle 2: *Grundflächenentwicklung Kiefer II. Ekl., st. Df. (Wiedemann 1942)*

Alter	25	30	35	40	45	50	55	60	65	70	75	80
Grundfläche (m^2/ha)	23,7	24,8	25,1	25,4	25,6	25,7	25,8	25,9	26,0	26,0	26,1	26,1
Alter	85	90	95	100	105	110	115	120	125	130	135	140
Grundfläche (m^2/ha)	26,1	26,0	25,9	25,8	25,7	25,5	25,4	25,2	25,0	24,8	24,6	24,4

In Abhängigkeit vom Brusthöhendurchmesser (BHD) sind in Abbildung 2 erntekostenfreie Erlöse pro Erntefestmeter (€/m^3) dargestellt. Diese Daten geben durchschnittliche Erlöse bei mechanisierter Holzernte in einer norddeutschen Forstbetriebsgemeinschaft für das Forstwirtschaftsjahr 2003 wieder (ZIEGELER 2003, mdl. Mittg.). Ausgehalten wurden Industrieholz und Abschnitte bis 6 m Länge, jedoch kein Langholz. Mit Hilfe des folgenden Polynoms dritten Grades erfolgt der rechnerische Ausgleich. Im Modell wird anstelle des BHD (in cm) der mittlere Durchmesser verwendet.

$$ekfr.Holzerlös\ (€/m^3) = 120BHD^3 - 241BHD^2 + 158BHD - 5{,}6 \tag{6}$$

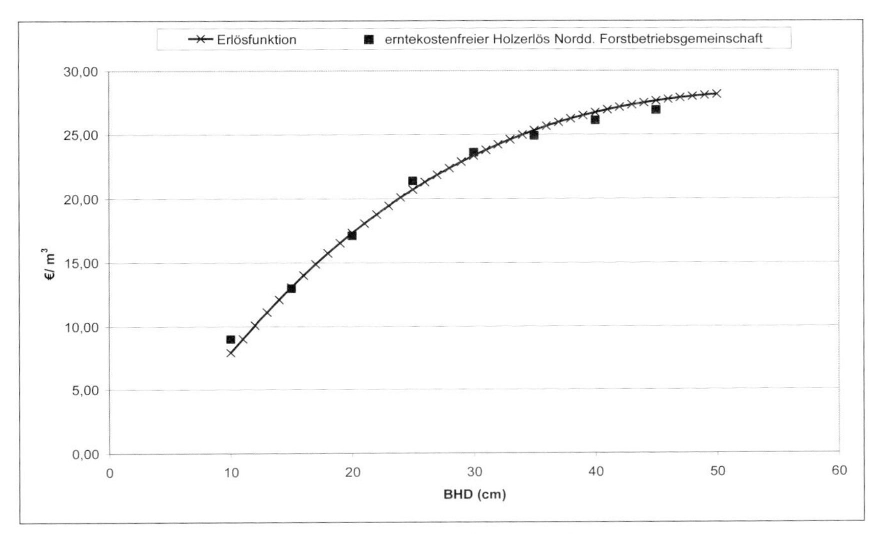

Abbildung 2: *Erntekostenfreier Holzerlös in Abhängigkeit vom BHD*

2.3.2 Modellierung zweistufiger Kiefernbestände

Die Ökonomie des Überhaltbetriebes bei der Kiefer wurde erstmals umfangreich von BAADER (1941) untersucht. WIEDEMANN hat sich diesem Thema 1948 insbesondere aus ertragskundlicher Perspektive gewidmet. JUNACK berichtet 1972 über die Erfolge der Naturverjüngungswirtschaft in Gartow. Eine neuere Untersuchung aus diesem Betrieb stammt von RÖHE (1996). Sie betrachtet insbesondere die Wuchs- und Wertleistung der sog. Überhälter. Die natürliche Verjüngung der Kiefer ist eine seit langer Zeit bekannte Betriebsform, die angesichts des hohen Aufwands bei der Pflanzung eine sinnvolle Alternative darstellen kann. Ob die verbleibenden Stämme der oberen Bestandesschicht als lockerer Schirm oder in Form einzeln stehender Überhälter bewirtschaftet werden, steht dabei der Betriebsführung nach erfolgreicher Verjüngung frei. Entscheidender Erfolgsfaktor der natürlichen Verjüngung sind die standörtlichen Gegebenheiten. Konkurrenzvegetation, Wasser-, Nährstoff- und Lichtangebot entscheiden über den Erfolg der Verjüngung, die mit Hilfe der Bodenverwundung gefördert werden kann (DOHRENBUSCH 1995, S. 72 ff.).

Die Modellierung des Naturverjüngungsbetriebs steht indes noch am Anfang (BIBER 2003, mdl. Mittg.). Ein besonders schwieriger Aspekt ist die Modellierung der Lichtverhältnisse. ZHOU (1999) weist in seiner Untersuchung zur optimalen Verjüngung eines Kiefernbestandes daraufhin, dass wegen der – auch in Schweden – nur unvollständigen Modelle die zu treffenden Annahmen einen großen Schwachpunkt bei der Modellierung darstellen.

2.3.3 Formulierung des Modells in Excel

Das Wuchsmodell wurde in diskreter Form im Tabellenkalkulationsprogramm MS-EXCEL programmiert. Startpunkt der Betrachtungen ist das Bestandesalter 30. Die Darstellung erfolgt in diskreten, fünfjährigen Perioden. Als maximales Alter wurden 160 Jahre festgelegt.

Ein grundsätzliches Problem der Optimierung in Excel ist die Gewährleistung stetiger Funktionen. Der diskrete Ansatz von Excel bedingt die Verwendung sog. "wenn-dann" Schleifen, so bspw. wenn der Zeitpunkt des optimalen Endes eines Umtriebs zu bestimmen ist: „Wenn der Umtrieb 140 Jahre betragen soll, dann dürfen nur die Zahlungen bis zu diesem Zeitpunkt berücksichtigt werden“. Der Solver, ein in Excel integrierter mathematischer Lösungsalgorithmus für lineare und nichtlineare Optimierungsprobleme, überträgt diese Beziehungen in eine stetige Form. Praktische Versuche haben indes gezeigt, dass stabile Ergebnisse nur erzielt werden können, wenn ein zweistufiger Ansatz gewählt wird. Zunächst werden simultan optimales Durchforstungsregime und Umtriebszeit bestimmt. Anschließend wird das Ergebnis überprüft, indem nur mehr das Durchforstungsregime variabel definiert wird, während die Umtriebszeit fix ist. Ausgehend von der aus dem simultanen Ansatz bestimmten Umtriebszeit wird die optimale Lösung bestimmt, indem getestet wird, ob nicht ein um (mindestens) fünf Jahre kürzerer oder längerer Zeitraum zur optimalen Lösung führt.

Die Optimierung erfolgt in dieser Arbeit mit Hilfe der PREMIUM SOLVER PLATFORM V.5.5 (FRONTLINE SYSTEMS, 2004). Dieses Programmpaket stellt eine deutlich verbesserte Version des in MS-EXCEL standardmäßig integrierten SOLVERS dar und ermöglicht die Lösung komplexer nichtlinearer Optimierungsprobleme. Auf die qualitativen Eigenschaften des Wuchsmodells und die sich ergebenden Implikationen für die mathematische Optimierung wird in Kapitel 3.2.2.2 näher eingegangen.

3 Ökonomische Optimierung von Durchforstungen und Umtriebszeit

Waldbauliche Produktionssysteme spiegeln nicht nur die standörtlichen Gegebenheiten, sondern insbesondere auch die unterschiedlichen Ziele des Eigentümers sowie die volkswirtschaftlichen und forstpolitischen Rahmenbedingungen wider. Die forstökonomische Forschung nähert sich der Analyse des forstlichen Produktionsprozesses auf zweierlei Weise: der erklärenden positiven Ausrichtung steht ein Forschungsansatz gegenüber, der normative Aussagen trifft. Beide Forschungsansätze beruhen auf Modellen, die der mikroökonomischen Theorie oder der betriebswirtschaftlichen Entscheidungstheorie entstammen.

Im Rahmen positiver Analysen wird u. a. untersucht, welche Faktoren die Gestaltung des Produktionsprozesses beeinflussen. So messen bspw. ökonometrische Studien wie von BINKLEY (1980), BERGEN ET AL. (1988) oder MOOG (1992) den Einfluss verschiedener Parameter auf die Ernteentscheidung. Ingesamt ergeben sich bei dieser Form der Analyse besondere Probleme bei der Datenbeschaffung. Infolge fehlender Daten, die das Einkommen aus dem Waldbesitz in Relation zum Gesamteinkommen des Waldbesitzers stellen, wird möglicherweise wenig deutlich, welche Faktoren die Ernteentscheidung eindeutig beeinflussen. So erklärt sich die Diskussion um die Kostendeckungshypothese, welche ein sog. inverses Angebotsverhalten der Waldeigentümer unterstellt (vgl. BERGEN ET AL. 1988, THOROE ET AL. 1998), oder das sog. Volvo-Theorem (JOHANSSON UND LÖFGREN 1985 S. 138), welches überdurchschnittliche Hiebe mit der Notwendigkeit außerordentlicher betrieblicher oder privater Ausgaben in Zusammenhang stellt.

Positive Analysen haben in der langfristigen Forstwirtschaft den besonderen Vorteil, dass sie die betrieblichen Realitäten im Nachhinein abbilden können. Da sich die Rahmenbedingungen der Produktion im Laufe eines Umtriebs vielfach ändern, kann ein tieferes Verständnis für die zugrunde liegenden Entscheidungsprämissen entwickelt werden, weil viele Einflussfaktoren in Betracht gezogen werden können. Welche Übereinstimmung zwischen Entscheidungsträgern bei der Durchforstung vorliegt, untersuchen bspw. ZUCCHINI und v. GADOW (1995), die einen Durchforstungsversuch in einem Mischbestand auswerten. Der Ansatz des THICON (DAUME UND ALBERT 2004) trägt diesem Problem Rechnung, indem bewährte Strategien in einen Einzelbaumsimulator integriert werden, so dass die eigenen Ideen anhand vorhandener Konzepte bewertet werden können. Bei den positiven Analysen bleibt die Schwierigkeit, Zielsetzungen und Restriktionen formal zu trennen.

In der forstökonomischen Literatur überwiegen die normativ motivierten Untersuchungen deutlich. Dies gilt sowohl für deutsch- als auch für fremdsprachige Publikationen. Die wissenschaftlichen Diskussionen um die Formeln zur Bewertung der forstlichen Bodennutzung und um das daraus abgeleitete Kalkül für die Optimierung der Umtriebszeit (ergänzt um den Aspekt der optimalen Bestandesbehandlung) zeugen von einer besonderen methodischen Herausforderung (MÖHRING 1994, S. 74 ff.; NEWMAN 2002; CHANG 2001; OESTEN UND ROEDER 2001, S. 212 ff.; NAVARRO 2003, S. 56).

Die Analyse der ökonomischen Vorteilhaftigkeit waldbaulicher Handlungsmöglichkeiten erfolgt in der Regel unter der Prämisse der individuellen Behandlung eines Einzelbestandes. Die ökonomische Analyse dieser Bewirtschaftungsform ist als Modell des aussetzenden Betriebes bekannt. Von Interesse ist dabei meist allein die Frage nach dem ökonomischen Vorteil aus Sicht eines Investors. Es gilt, die vorhandenen finanziellen Mittel möglichst effizient einzusetzen, so dass ein höchstmöglicher Nettonutzen generiert wird. Die Entscheidungsfindung fußt dabei auf Methoden der Investitionsrechnung.

Erfolgt die Entscheidungsfindung hingegen im Rahmen eines forstbetrieblichen Kontextes, ergeben sich bei der Analyse der Vorteilhaftigkeit weitere Aspekte, die beachtet werden müssen (HULTKRANTZ 1991). So muss bspw. eine betriebliche Infrastruktur bereitgestellt und erhalten werden, die Liquidität im Sinne der Gewährleistung der Zahlungsfähigkeit voraussetzt. Dies ist besonders bedeutend vor dem Hintergrund der in der betrieblichen Realität selten ausgewogenen Altersklassenstrukturen. Um einen kontinuierlichen Einkommensstrom produzieren zu können, ist es umso wichtiger, laufende betriebliche Ein- und Auszahlungen zu beachten und eine Bewirtschaftung zu gewährleisten, die für ein nachhaltig positives Betriebsergebnis sorgt. Somit interessiert nicht nur die Frage nach der höchstmöglichen Kapitalrentabilität, sondern ebenso die Gewährleistung einer nachhaltigen betrieblichen Liquidität.

Ein bis heute bewährtes Modell zur Analyse dieses Zusammenhanges stellt das von HUNDESHAGEN entwickelte Normalwaldmodell dar (SPEIDEL 1972, S. 100 ff.). Es ermöglicht die Betrachtung eines synchronisierten Betriebes, in dem kontinuierlich Holz geerntet wird. Durch Vorhalten einer Fläche, die so viele gleich große Einzelflächen umfasst wie die Umtriebszeit des aussetzenden Betriebes in Jahren dauert, wird in jeder Periode das Volumen eingeschlagen, welches sonst im Verlaufe eines gesamten Umtriebs anfallen würde. Somit wird aus der Betrachtung eines "zeitlichen Nacheinander" die Betrachtung eines "räumlichen Nebeneinander".

Dieser "lineare Forstbetrieb" setzt eine Vielzahl von Annahmen voraus, so u. a. keine Skaleneffekte bei der Holzernte oder keinerlei räumliche Restriktionen bezüglich der Erschließung oder Hiebsführung (vgl. JOHANSSON UND LÖFGREN 1985, S. 121). Mit Hilfe dieses Modells kann die Analyse auf Bestandesebene ohne weiteres mit der Untersuchung betrieblicher Zielsetzungen verknüpft werden (z.B. MÖHRING 1986, S. 107; BRÄUNIG UND DIETER 1999, S. 5). Auf diese Thematik wird in Kapitel 4 zurückzukommen sein.

In der forstlichen Praxis betreffen Betrachtungen zur Rentabilität forstlicher Produktionssysteme in der Regel existierende Bestände. Die Bestimmung der Vorteilhaftigkeit für die weitere Behandlung eines existierenden Bestandes bis zu dessen Abtrieb bzw. dem Beginn einer neuen Bestandesgeneration unterscheidet sich aus methodischer Sicht indes nur wenig von der Betrachtung eines neu zu begründenden Bestandes. Unabhängig davon, ob ein existierender Bestand oder ein neu zu begründender Bestand untersucht wird, muss ein Vergleich der laufenden bzw. zukünftigen Produktion mit alternativen Nutzungsmöglichkeiten unternommen werden. Nimmt man an, dass die Produktion ewig fortgesetzt werden soll, können unterschiedliche waldbauliche Systeme gleicher oder verschiedener Baumarten ohne weiteres hinsichtlich ihrer Rentabilität verglichen werden. Die Unterstellung der ewigen Nutzung beinhaltet die Idee des "going concern" bzw. aus forstlicher Sicht die Idee der Nachhaltigkeit, eine zentrale Annahme für die Betrachtung von Investitionen und die damit einhergehende unternehmerische Tätigkeit. Damit ist die Einbeziehung der Auswirkung heutiger Entscheidungen, d.h. die Einbeziehung der Zukunft im Kalkül grundsätzlich gewährleistet (NEWMAN 1988, S. 6). Das Kalkül schafft den kleinsten gemeinsamen Nenner, einen Numéraire. Es wirkt ausgleichend, so dass unterschiedliche Umtriebe, aber auch verschiedene Nutzungen wie z.B. eine land- oder forstwirtschaftliche Kultur, miteinander verglichen werden können.

Im Mittelpunkt dieser Untersuchung steht die Frage nach den qualitativen Eigenschaften des ökonomisch optimalen Bestandesbehandlungsregimes. In den folgenden Kapiteln wird jeweils der Kenntnisstand referiert und anhand der Eigenschaften der Modelllösung untersucht, wie sich die Zielsetzung einer Rentabilitätsmaximierung bei unterschiedlich hoher Zinsforderung auf den Produktionsprozess auswirkt. Im Einzelnen werden die Konzepte zur optimalen Umtriebszeit, zur simultanen Bestimmung von Umtriebszeit und Durchforstung sowie zur optimalen Durchforstung und Umtriebszeit in der Naturverjüngungswirtschaft behandelt.

3.1 Optimierung der Umtriebszeit

Nach Begründung und Pflege eines jungen Bestandes erfolgen Durchforstungen sowie schließlich die Ernte des verbliebenen aufstockenden Holzvorrats – es resultiert ein über die Zeit verteilter Strom naturalen Holzertrags bzw. eine Zahlungsreihe, in der anfänglichen Auszahlungen spätere Einzahlungen gegenüber stehen. Das Optimierungskalkül zur Bestimmung der optimalen Umtriebszeit maximiert diesen Strom bzw. diese Reihe.

Je nach Zielsetzung des Eigentümers ergeben sich unterschiedliche Prämissen für das Optimierungskalkül. Welche Produktionsfaktoren (neben der Arbeit) sind knapp: Kapital und Boden, nur einer der beiden oder keiner? In Abbildung 3 sind die im Folgenden beschriebenen Optimierungskalküle hinsichtlich dieser Prämissen und der Zielsetzungen dargestellt. Es handelt sich dabei um die wichtigsten Zielsetzungen für die Bestimmung der optimalen Umtriebszeit unter der Annahme stationärer Eingangsgrößen (vgl. JOHANSSON UND LÖFGREN 1985 sowie NEWMAN 1988).

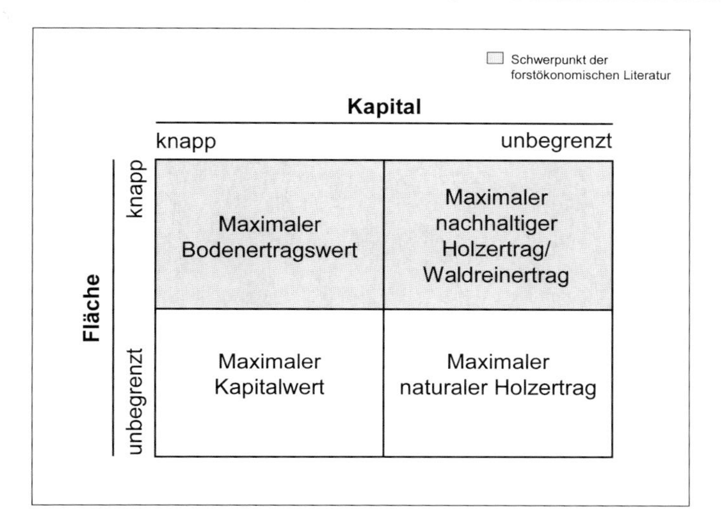

Abbildung 3: *Verfügbarkeit von Fläche und Kapital im Optimierungskalkül für die Umtriebszeit*

Hinsichtlich der in das Kalkül einfließenden Größen können unterschiedliche Annahmen getroffen werden. In der Regel sind diese stationär, d.h. Änderungen der eingehenden Größen wie Kulturkosten, Bestandespflegekosten, Erntekosten, Holzerlöse und Zinssatz werden nicht angenommen. Wird diese Annahme aufgegeben, beeinflussen monotone oder zufällige Änderungen das Ergebnis auf sehr unterschiedliche Weise. Monotone Änderungen wirken sich auf die Rentabilität zukünftiger Nutzungen und damit den laufenden Umtrieb durch eine Veränderung der Opportunitätskosten aus (s. MOOG 2001). Zufällige Änderungen können die Rentabilität steigern, wenn berücksichtigt wird, dass die Holzernte adaptiv angepasst werden kann (LOHMANDER 1987, BRAZEE UND MENDELSOHN 1988, HAIGHT UND HOLMES 1991, PLANTIGA 1996, GONG 1997, BRAZEE UND NEWMAN 1999).

3.1.1 Bestimmung der optimalen Umtriebszeit ohne Berücksichtigung alternativer Kapitalanlagemöglichkeiten

3.1.1.1 Maximierung des naturalen Holzertrags bei unbegrenzter Fläche

Die Optimierung der Umtriebszeit hinsichtlich des naturalen Holzertrags führt zur Maximierung der Biomasseproduktion. Die optimale Produktionsdauer richtet sich nach den Eigenschaften der Wachstumsfunktion. In der Regel wird bei dieser ein sigmoider Verlauf unterstellt. Die Zielfunktion lautet:

$$\max! V = Q(T). \tag{7}$$

wobei V den naturalen Holzertrag beschreibt – dargestellt mittels der von der Zeit abhängigen Wachstumsfunktion Q(t).

Die Ableitung nach der optimalen Umtriebszeit T ergibt

$$V'(T) = Q'T = 0, \tag{8}$$

d.h. die optimale Umtriebszeit ist erreicht, wenn der laufende Volumenzuwachs gleich Null ist. Dies ist der Fall, wenn die Wachstumsfunktion ihr Maximum erreicht hat. Bei diesem Kalkül wird unterstellt, dass die vorhandene Fläche zur Holzproduktion unbegrenzt ist. Die Notwendigkeit, im Sinne des oben beschriebenen Nachhaltigkeitsprinzips einen Nachfolgebestand auf derselben Fläche zu begründen, wird nicht beachtet.

3.1.1.2 Maximierung des nachhaltigen Holzertrags bei begrenzter Fläche

Im Gegensatz zur obigen Betrachtung wird nun unterstellt, dass die Produktionsfläche knapp ist. Ziel muss deshalb sein, den naturalen Holzertrag in der Zeit zu maximieren:

$$\max! V = Q(T)/T , \tag{9}$$

abgeleitet nach der optimalen Umtriebszeit T ergibt

$$V' = Q'(T)/T - Q(T)/T^2 = 0. \tag{10}$$

Durch Umstellen dieser Gleichung erhält man als Optimalitätsbedingung

$$Q'(T) = Q(T)/T . \tag{11}$$

Die optimale Umtriebszeit ist erreicht, wenn der laufende auf den durchschnittlichen Holzzuwachs gefallen ist. Im Gegensatz zum obigen Kalkül ergibt sich eine kürzere Umtriebszeit, weil der durchschnittliche Holzzuwachs früher kulminiert.

3.1.1.3 Maximierung des (Brutto-)Waldreinertrags

Das Konzept der Maximierung des (Brutto-)Waldreinertrags unterscheidet sich vom vorigen insofern, als nun das Ziel in der Maximierung einer Zahlungsreihe besteht. Es werden also erntekostenfreie Holzerlöse (p) sowie Kulturkosten (c) berücksichtigt. Erneut wird unterstellt, dass die nutzbare Produktionsfläche nicht vermehrbar ist. Weiterhin wird keine alternative Kapitelverwendung beachtet, d.h. die finanziellen Mittel sind nicht knapp.

Je nach Baumart und Bewirtschaftungsweise ergeben sich unterschiedlich lange optimale Umtriebszeiten. Bei Annahme eines unbegrenzten Zeithorizontes und damit nachhaltiger Forstwirtschaft wird diejenige Variante ausgewählt, die auf Dauer den höchsten jährlichen Deckungsbeitrag je Hektar bietet. Berücksichtigt man zusätzlich die sog. Verwaltungskosten, wird aus dem Brutto-Waldreinertrag der sog. Waldreinertrag. Den Verwaltungskosten kommt mit Blick auf das Entscheidungsproblem der Umtriebszeit aber nur eine Bedeutung zu, wenn diese sich je nach Bewirtschaftungsweise oder Baumart unterscheiden. In dieser Untersuchung wird unterstellt, dass diese Kosten unabhängig von der Bewirtschaftungsweise gleich hoch sind (s. MÖHRING 1994, S.56 u. S. 73).

Die optimale Umtriebszeit ist erreicht, wenn der laufende Netto-Wertzuwachs auf den durchschnittlichen Deckungsbeitrag bzw. Brutto-Waldreinertrag gefallen ist. Es ergibt sich folgende Zielfunktion[1]:

$$\max! V = (pQ(T) - c)/T \qquad (12)$$

abgeleitet nach der optimalen Umtriebszeit T ergibt

$$V' = pQ'(T)/T - (pQ(T) - c)/T^2 = 0\,. \qquad (13)$$

[1] Von der Darstellung der notwendigen Bedingungen wird hier abgesehen (s. bspw. JOHANSSON UND LÖFGREN 1985, S. 74 ff. für eine Darstellung der Annahmen zum Verlauf der Funktion V(t)).

Durch Umstellen dieser Gleichung erhält man als Optimalitätsbedingung

$$pQ'(T) = (pQ(T) - c)/T \text{ bzw. } Q'(T) = (Q(T) - c/p)/T. \quad (14)$$

Zum Zeitpunkt des optimalen Umtriebs entspricht damit der laufende Netto-Wertzuwachs dem durchschnittlichen direktkostenfreien Holzerlös[2]. Dies bedeutet, dass steigende Kulturkosten ebenso wie fallende Holzpreise den Zähler auf der rechten Seite der Optimalitätsbedingung verkleinern (und umgekehrt), womit die optimale Umtriebszeit kürzer bzw. länger wird.

Die Maximierung des (Brutto-)Waldreinertrags führt zur höchstmöglichen durchschnittlichen Produktivität bei der Bewirtschaftung einer vorhandenen Waldfläche. Unabhängig davon, ob ein aussetzender Betrieb oder eine normal aufgebaute Betriebsklasse untersucht wird, ist mit diesem Kalkül gewährleistet, dass der knappe Produktionsfaktor Boden seiner besten Bestimmung zugeführt wird.

Dieses Konzept spielt bei der ökonomischen Bewertung forstlicher Produktionsprogramme eine große Rolle. Untersuchungen zu ertragskundlichen Optima fundieren in der Regel auf diesem Konzept zur Optimierung der Flächenproduktivität. Dabei wird entweder allein die Volumenleistung untersucht oder es wird berücksichtigt, dass die Bestandesbehandlung den (Brutto-)Waldreinertrag maximieren sollte[3]. Auch Untersuchungen, die sich mit einzelnen Phasen innerhalb eines Umtriebs beschäftigen, so z.B. mit der Bestandesbegründung oder der Jungwuchspflege und Läuterung, unterstellen i. d. R. ebenfalls eine derartige Zielsetzung. In diesen – von der forstlichen Praxis viel beachteten – Arbeiten wird das zentrale Prinzip ökonomischer Überlegungen, die Knappheit der finanziellen Mittel, ausgeblendet.

---

[2] Dieser Begriff wird aus der landwirtschaftlichen Betriebswirtschaftslehre übernommen und beschreibt den Deckungsbeitrag aus der Bewirtschaftung einer Frucht – ohne Berücksichtigung weiterer betrieblicher Kosten.

[3] Beispielhaft genannt seien hier die Untersuchungen von SPELLMANN (1995), ABETZ (1994), STRÜTT (1994), RÖHE (1996), HUSS (1982).

3.1.2 Bestimmung der optimalen Umtriebszeit unter Berücksichtigung alternativer Kapitalanlagemöglichkeiten

Wird das eingesetzte Kapital als knappes Gut betrachtet, werden "die Kosten der Finanzierung pauschal über den Kalkulationszinsfuß erfasst, mit dem die Einzahlungsüberschüsse einer Investitionsalternative abgezinst" werden (FRANKE UND HAX 1994, S. 172). Die Vorteilhaftigkeit unterschiedlicher Produktionsmodelle wird anhand eines Vergleichs von Kapitalwerten bestimmt.

Im Gegensatz zu den obigen Konzepten wird nun also die optimale Umtriebszeit mit Hilfe eines Investitionskalküls bestimmt, d.h. es werden die Opportunitätskosten der Kapitalbindung in das Kalkül miteinbezogen. Die periodischen Saldi der Zahlungsreihe einer Umtriebszeit werden auf den Betrachtungszeitpunkt diskontiert und die Anfangsinvestition subtrahiert. Mit der Zinsforderung wird eine Gewichtung zugunsten früher eingehender Erlöse eingeführt.

Die Bestimmung der Vorteilhaftigkeit von Investitionsprojekten geschieht vor weitgehenden Annahmen. SPREMANN (1996, S. 92) weist darauf hin, dass "kein Investitionsprojekt an sich vorteilhaft oder nicht vorteilhaft ist (...). Es kommt auf die Präferenzen der Kapitalgeber an, die die Vorraussetzungen für das Investitionsprojekt schaffen müssen und dafür die Ergebnisse beanspruchen können". So sind weitere Bedingungen wie bereits festliegende Zahlungsverpflichtungen oder Steuern zu beachten. Die Optimierung der Rentabilität setzt außerdem voraus, dass die Präferenzen des Waldeigentümers bzw. dessen Nutzenfunktion bekannt sind. In dieser Untersuchung wird eine neoklassische Nutzenfunktion unterstellt. Dies bedeutet, dass eine eindeutige Zeitpräferenz vorliegt: von zwei gleich hohen Zahlungen wird immer diejenige bevorzugt, die zeitnäher erfolgt. Die Zinsrate drückt diese Präferenz aus. Je höher der Zins, desto weniger bedeutend sind zeitlich ferner liegende Zahlungseingänge.

3.1.2.1 Maximierung des Kapitalwertes

Die Maximierung des Kapitalwertes impliziert die Betrachtung nur einer Umtriebszeit und damit die freie Verfügbarkeit nutzbarer Fläche. Im Kalkül der Opportunitätskosten spielt der Nachhaltigkeitsgedanke einer dauerhaften forstlichen Bewirtschaftung keine Rolle – aus methodischer Sicht handelt es sich um die Bestimmung der optimalen

Nutzungsdauer einer einmaligen Investition. Diese bzw. der optimale einmalige Umtrieb ist erreicht, wenn der laufende Wertzuwachs auf die Höhe der Opportunitätskosten der Kapitalbindung gefallen ist bzw. wenn der relative Wertzuwachs dem verwendeten Zinsfuß gleicht. Aus der Ableitung der Zielfunktion ergibt sich die Optimalitätsbedingung:

$$\max! V = pQ(T) - ce^{rT} \tag{15}$$

$$V' = pQ'(T) - rce^{rT} = 0 \tag{16}$$

$$pQ'(T) / ce^{rT} = r \tag{17}$$

wobei e^{rT} der stetige Diskontierungsfaktor mit dem Zinssatz r und der Zeit T ist.

3.1.2.2 Maximierung des Kapitalwerts bei begrenzter Fläche

Das Kalkül der Maximierung des Kapitalwerts bei begrenzter Fläche unterscheidet sich von der Maximierung des Kapitalwerts durch die Annahme der zukünftig ewigen forstlichen Nutzung: im Gegensatz zur Berechnung eines Kapitalwerts für einen einmaligen Umtrieb wird unterstellt, dass die knappe nutzbare Fläche dauerhaft ihrer besten Bestimmung zugeführt werden sollte. Bei sigmiodem Verlauf der Netto-Erlöskurve ergibt sich im Vergleich zur Maximierung des naturalen Holzertrags wie des (Brutto-)Waldreinertrags die kürzeste Umtriebszeit (JOHANSSON UND LÖFGREN 1985, S. 91), weil nun nicht nur die Produktivität bzw. die Wertleistung sondern auch der Zahlungseingang im Investitionskalkül bewertet wird.

Dieses Konzept wurde 1849 erstmals von MARTIN FAUSTMANN formuliert und ist heute als FAUSTMANN-PRESSLER-OHLIN (FPO)-Theorem bekannt. PRESSLER und OHLIN haben zu späteren Zeitpunkten den Ansatz FAUSTMANNS weiterentwickelt bzw. ohne Kenntnis von FAUSTMANNS Überlegungen erneut richtiggehend formuliert. Das FAUSTMANN-Modell ermöglicht die Bestimmung des Kapitalwerts eines unbestockten Grundstücks, das zukünftig dauerhaft forstlich genutzt werden soll. In das Kalkül des sog. Bodenertragswertes fließen die zu erzielenden Durchforstungserlöse, der Erlös aus der Endnutzung sowie die Kulturkosten ein. Zusätzlich kann berücksichtigt werden, welche Verwaltungskosten während des Umtriebs entstehen. Indem man diesen

Kapitalwert maximiert, kann die optimale Umtriebszeit nach FAUSTMANN bestimmt werden. Für eine unbestockte Fläche ergibt sich folgendes Optimierungskalkül, wenn die Durchforstungserlöse nicht beachtet werden (vgl. CONRAD 1999, S. 64):

$$\max!V = \frac{(pQ(T) - ce^{rT})e^{-rT}}{(1-e^{-rT})} = \frac{(pQ(T) - ce^{rT})}{(e^{rT}-1)} \quad (18)$$

$$V' = \left[pQ(T) - ce^{rT}\right](-1)\left[e^{rT}-1\right]^{-2} e^{rT} r + \left[e^{rT}-1\right]^{-1}\left[pQ'(T) - rce^{rT}\right] = 0 \quad (19)$$

$$pQ'(T) - rce^{rT} = \frac{r\left[pQ(T) - ce^{rT}\right]e^{rT}}{e^{rT}-1} = \frac{r\left[pQ(T) - ce^{rT}\right]}{1-e^{-rT}} \quad (20)$$

Multipliziert man beide Seiten mit (1-e^{-rT}) und stellt die Gleichung um, so erhält man

$$pQ'(T) - rce^{rT} = r\left[pQ(T) - ce^{rT}\right] + \left[pQ'(T) - rce^{rT}\right]e^{-rT} \quad . \quad (21)$$

Der zweite Term auf der rechten Seite entspricht $r\frac{(pQ(T) - ce^{rT})}{(e^{rT}-1)}$ weil

$$(pQ'(T) - rce^{rT})e^{-rT} = \frac{r\left[pQ(T) - ce^{rT}\right]e^{rT}e^{-rT}}{e^{rT}-1} = \frac{r\left[pQ(T) - ce^{rT}\right]}{1-e^{-rT}} = \frac{r(pQ(T) - ce^{rT})}{(e^{rT}-1)} \quad (22)$$

Es ergibt sich die Optimalitätsbedingung

$$pQ'(T) = r\left[pQ(T) - ce^{rT}\right] + r\frac{(pQ(T) - ce^{rT})}{(e^{rT}-1)} + rce^{rT} = r(pQ(T)) + r\frac{(pQ(T) - ce^{rT})}{(e^{rT}-1)} \quad (23)$$

bzw. in diskreter Form

$$\Delta pQ(T) = rpQ(T) + r\frac{pQ(T) - c(1+r)^T}{(1+r)^T - 1} \, . \quad (23a)$$

Die Optimalitätsbedingung besagt, dass zum Zeitpunkt der optimalen Umtriebszeit der lfd. Wertzuwachs der Summe aus den Opportunitätskosten der Kapitalbindung (erster Summand auf der rechten Seite der Optimalitätsbedingung) und der Bodenrente, also der Annuität des Bodenertragswertes (zweiter Summand), entsprechen muss.

PRESSLER hat diese Optimalitätsbedingung erstmals 1859 beschrieben. Aus Sicht der Investitionsrechnung ermöglicht dieses Kalkül die Bestimmung des optimalen Ersatzzeitpunktes bei einer unendlichen Investitionskette mit identischen Folgeobjekten (vgl. GOETZE UND BLOECH 1995, S. 218). Das zugrunde liegende Konzept ist eine Marginalanalyse: der laufende Grenzertrag wird mit den Opportunitätskosten der Kapitalbindung und Bodennutzung verglichen. Der Grenzertrag ist der Saldo aus laufendem Wertzuwachs und den periodischen Kapitalkosten. Wenn der laufende Wertzuwachs nachlässt und eine zunehmend höhere Kapitalbindung vorliegt, könnte ein junger, produktiverer Bestand den aktuellen ablösen (MÖHRING 1994, S. 52).

Das PRESSLER'SCHE Weiserprozent beschreibt in relativen Größen, wann der optimale Erntezeitpunkt erreicht ist: solange das Weiserprozent die positive Renditeforderung, also den Zins übersteigt, lohnt ein Erhalt des Bestandes (Durchforstungsmaßnahmen können in das Kalkül miteinbezogen werden):

$$Pw_t = \frac{\Delta pQ(t) - r\dfrac{pQ(T) - c(1+r)^T}{(1+r)^T - 1}}{pQ(t)} 100 \tag{24}$$

Der FAUSTMANN'SCHE Ansatz ist heute das am weitesten verbreitete Werkzeug zur Analyse des Problems der optimalen Umtriebszeit in einem aussetzenden Betrieb. Der Modellansatz wurde erweitert und verändert, so um die Betrachtung des optimalen Pfades der Durchforstung und der Umtriebszeit. Die Wirkung von Steuern, schwankenden Holzpreisen sowie von mit Risiko behaftetem Wachstum wurde ebenfalls untersucht (vgl. NEWMAN mit einer umfassenden Bibliographie 1988 und 2002 sowie CHANG 2001).

Sieht man zunächst von der Kritik an den deterministischen Modellannahmen hinsichtlich der Produktionsfunktion sowie der einfließenden Holzpreise und Kosten ab (die auf alle Modelle zutrifft), zielt die vorgebrachte Kritik am FAUSTMANN Modell vor allem auf die implizite Annahme eines vollständigen Kapitalmarktes. Die zentrale Annahme, dass der einheitliche Marktzins jedem Individuum eine unmittelbare Bewertung der Vorteilhaftigkeit einer Investition ermöglicht und die individuelle Nutzenmaximierung damit automatisch gewährleistet ist, somit vollständige Informationen über die Möglichkeiten des Investments verfügbar sind, wird kritisiert (SPREMANN 1996, S. 437). Zum einen kann kein einheitlicher Soll- und Habenzins beobachtet werden, zum anderen unterscheiden sich bei der Bewertung des zukünftigen Nutzens mittels dieses Investitionskalküls die notwendigen Prämissen je nach Zielsetzung deutlich. Für die Bestimmung von vergleichbaren Waldbodenwerten oder allgemeingültigen optimalen Umtriebszeiten ist dieses Investitionskalkül daher nur bedingt geeignet (WOHLERT 1993, S. 23).

3.1.2.3 Alternative Darstellung des Bodenertragswertes

Das Faustmann-Kalkül führt zu einem Kapitalwert, dem sog. Bodenertragswert. Ist dieser positiv, lohnt sich die Investition in die forstwirtschaftliche Flächennutzung. Indes muss die Vorteilhaftigkeit nicht notwendigerweise an diesem Kapitalwert festgemacht werden. Die Verwendung des Bodenertragswertes ist aus methodischer Sicht nicht nur wegen der bereits erwähnten mangelnden Vergleichbarkeit mit tatsächlich realisierten Waldbodenwerten und Umtriebszeiten schwierig:

- Der Kapitalwert wird unendlich groß, wenn die Zinsforderung Null beträgt.
- Die Annahme der Bewertung eines Zahlungsstroms, welcher zukünftig auf einem unbestockten Grundstück realisiert werden soll, entspricht meist nicht dem Entscheidungsproblem der forstlichen Praxis, das in existierenden Beständen entsteht.

Es ist auch möglich, den Kapitalwert in Form einer über den betrachteten Zeitraum jährlich zu zahlenden Rente auszudrücken. Die sog. Annuität wird aus dem Kapitalwert hergeleitet, indem dieser mit dem relevanten Zinssatz multipliziert wird. Da eine gleiche Laufzeit vorliegt, können die Annuitäten (wie die Kapitalwerte) verglichen und in eine Rangfolge gebracht werden (FRANKE UND HAX a.a.O.). Die Vorteilhaftigkeit an einer jährlichen Größe festzumachen, ist aus mehreren Gründen sinnvoll (vgl. MÖHRING 2004, S. 107):

- Die Verwendung der Annuität ermöglicht einen unmittelbaren Vergleich der Ergebnisse in Abhängigkeit der wirtschaftlichen Zielsetzung. Wenn die Zinsrate r Null beträgt, ergibt sich der sog. (Brutto-)Waldreinertrag (s. bspw. MÖHRING 1994, S. 74).

- Verständnis und Kommunikation bei der Entscheidungsfindung werden verbessert – beim Vergleich jährlicher Größen wird vergleichsweise deutlicher, welche Sensitivitäten bzw. welche Potenziale durch Veränderungen von einfließenden Parametern bestehen bzw. erreicht werden können. Damit wird es möglich, investitionstheoretische Überlegungen in die Analyse der jährlichen Wertproduktion einzubeziehen – der mögliche Wertzuwachs wird mit dem jährlichen ökonomischen Vorteil verglichen, so dass die ökonomischen Konsequenzen waldbaulicher Maßnahmen besser bewertet werden können.

Sieht man von der bislang nur geringen Verwendung ab, ist die mögliche falsche Interpretation als jährliche Größe nachteilig zu sehen. Infolge des rechnerischen Ausgleichs des Zahlungsstroms werden mögliche negative Nettozahlungen einzelner Perioden nicht ersichtlich. Deshalb ist es erforderlich, bei der Untersuchung der Vorteilhaftigkeit auch die Liquidität im Sinne der periodischen Zahlungsfähigkeit zu beachten (JACOBSEN, MÖHRING UND WIPPERMANN 2004).

3.1.3 Ökonomisch optimale Umtriebszeit bei festgelegtem Durchforstungsregime

Bevor in einem weiteren Kapitel die Diskussion um die angemessene Berücksichtigung alternativer Kapitalanlagemöglichkeiten aufgenommen wird, soll zunächst untersucht werden, wie sich die Einbeziehung einer (unterschiedlich hohen) Zinsforderung auf die optimale Bestandesbehandlung auswirkt. Dabei wird unterstellt, dass die vorhandene Fläche knapp ist, und es werden sowohl Kulturkosten als auch Bestandespflegekosten in Betracht gezogen. Die Zielsetzungen der Maximierung des naturalen Holzertrags und des (Brutto-)Holzerlöses werden im Folgenden nicht berücksichtigt[4]. Maximiert wird jeweils die Annuität als Maß für den jährlichen Vorteil aus einem Investitionsprojekt.

3.1.3.1 Optimierungskalkül Umtriebszeit

Im folgenden Abschnitt wird die Modelllösung für die Optimierung der Umtriebszeit vorgestellt. Die Zielfunktion zur Maximierung der Annuität lautet:

$$\max!V = \frac{A_T + \sum_t^T D_t[1+r]^{(T-t)} - E_{20}[1+r]^{(T-20)} - C[1+r]^T}{[1+r]^T - 1} r, \qquad (25)$$

wobei

$$0 \le T \le 160, \qquad (26)$$

$$0 \le r \le 0{,}0175. \qquad (27)$$

A_T ist der Abtriebswert zum Zeitpunkt T, D_t ist der Durchforstungserlös zum Zeitpunkt t, E_{20} ist der Aufwand für Läuterung im Alter 20 und C sind die Kulturkosten.

Bei Bestandeswirtschaft mit künstlicher Verjüngung wird für die Kultur ein Aufwand von 2000,- € angesetzt. Im Alter 20 fallen 400,- € Aufwand für eine Läuterung an[5]. Die Durchforstung beginnt ab dem Alter 30, wobei in jeder fünfjährigen Periode eingegriffen wird. Hier und im Folgenden wird die Stammzahlentnahme in Prozent der

---

[4] Die Verwaltungskosten werden ebenfalls nicht beachtet. Es wird angenommen, dass sie nicht entscheidungsrelevant sind, wenn die Bestandesbehandlung optimiert wird (vgl. MÖHRING 1994, S. 69).

[5] Der Läuterungsaufwand wird vereinfachend dem Alter 20 zugeordnet.

Stammzahl vor der Durchforstung dokumentiert. In diesem Beispiel nimmt die Durchforstungsstärke von 20% Stammzahlentnahme (bis einschließlich Alter 40), auf 15% (bis Alter 55), auf 10% (bis Alter 115) und auf 5% bis zum maximal möglichen Alter 160 ab. Es ergibt sich die in Abbildung 4 dargestellte Volumenentwicklung.

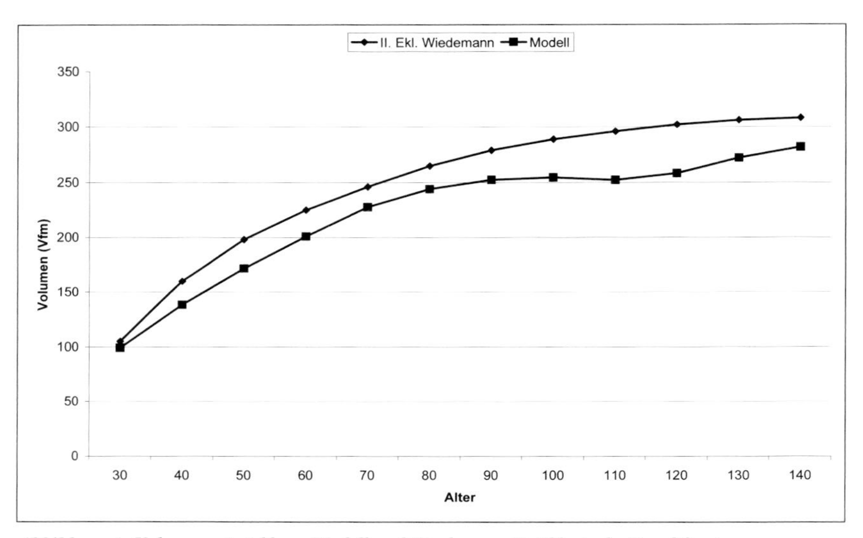

***Abbildung** 4: Volumenentwicklung Modell und Wiedemann II. Ekl. starke Durchforstung*

Die Optimierung wird für Zinsraten von 0 bis 1,75% durchgeführt.

Zusätzlich wird der durchschnittliche direktkostenfreie Erlös dokumentiert. Dieser entspricht im Normalwaldmodell dem jährlichen Brutto-Waldreinertrag, also dem jährlichen Deckungsbeitrag aus der Holzproduktion nach Abzug der Direktkosten, d.h. Kultur- und Bestandespflegekosten (jedoch vor Abzug des Verwaltungsaufwands, s.o.) und ermöglicht somit, einen Eindruck von den Auswirkungen auf die betriebliche Rentabilität hinsichtlich des Zahlungsstromes bei unterschiedlich hohen Zinsforderungen zu bekommen. Bei einer Zinsforderung von 0% entspricht die Annuität dem durchschnittlichen direktkostenfreien Erlös.

3.1.3.2 Eigenschaften der optimalen Lösung

Mit steigender Zinsforderung sinkt die Umtriebszeit von 140 auf 130 Jahre. Bei einer Zinsforderung von 1,75% wird die interne Verzinsung des Produktionssystems überschritten, so dass sich eine negative Annuität ergibt.

Tabelle 3: *Ergebnisse Optimierung der Umtriebszeit*

Zinsrate (%)	0	0,5	1,0	1,5	1,75
Optimale Umtriebszeit (Jahre)	135	135	135	130	125
Annuität (€/ha)	77,2	51,9	28,4	6,9	-3,2
Durchschn. direktkostenfreier Erlös (€/ha)	77,2	77,2	77,2	77,0	77,0

Der optimale Umtrieb ist erreicht, wenn der erwartete Grenzertrag infolge einer Erhöhung der Umtriebszeit um weitere fünf Jahre die für die neue Umtriebszeit bestimmte Annuität unterschreitet. Der Grenzertrag umfasst dabei Wertzuwachs und Durchforstungserlös einer Periode abzüglich der Kapitalkosten.

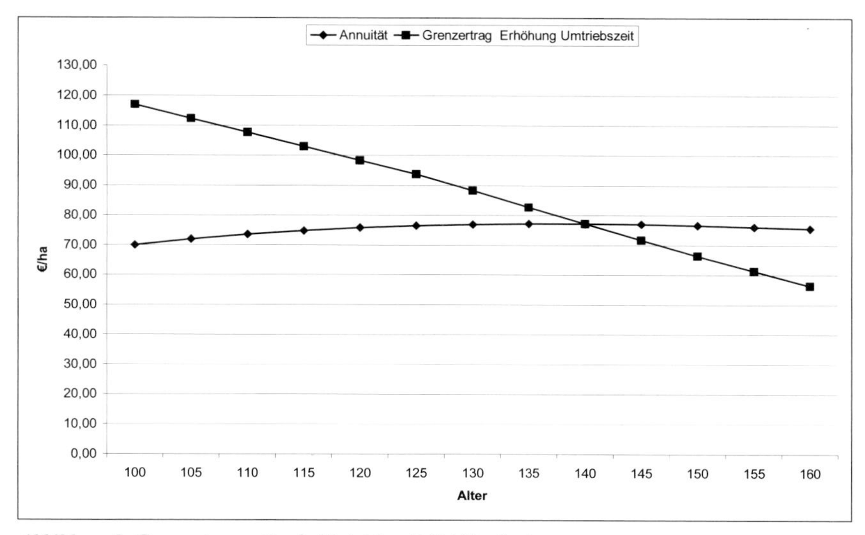

Abbildung 5: *Grenzertrag optimale Umtriebszeit 0% Zinsforderung*

Abbildung 5 dokumentiert diesen Zusammenhang exemplarisch für die Variante 0% Zins, Abbildung 6 für 1,5% Zins. Die auffallend flach verlaufende Kurve der Annuität wird nach dem Bestandesalter 135 bzw. 130 geschnitten. D.h. im Beispiel mit einer Zinsforderung von 0% (1,5%) unterschreitet die Annuität für einen 140-jährigen

(135-jährigen) Umtrieb den Grenzertrag, der sich für die nächste Periode ergeben würde. Eine Verlängerung der Umtriebszeit ist somit nicht wirtschaftlich.

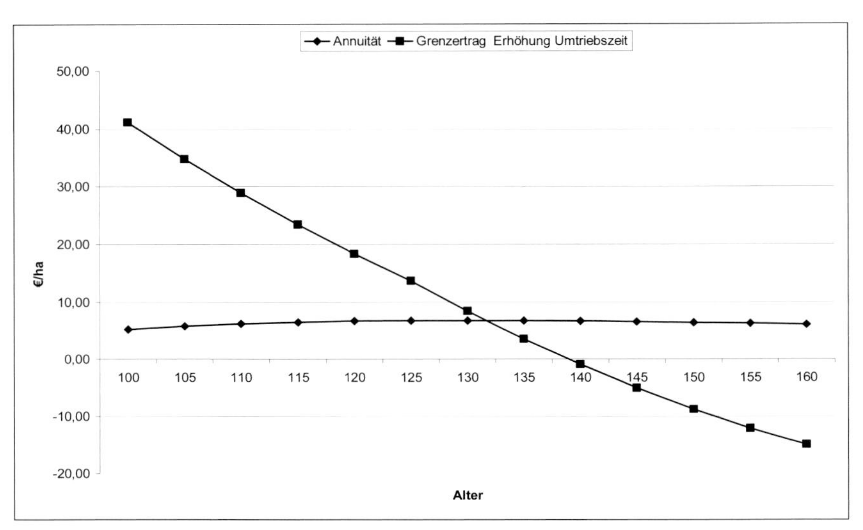

Abbildung 6: *Grenzertrag optimale Umtriebszeit 1,5% Zinsforderung*

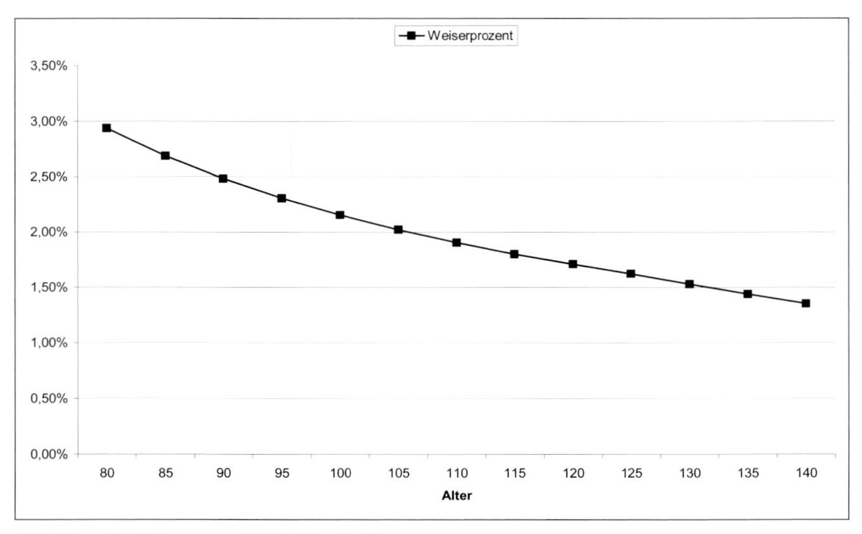

Abbildung 7: *Weiserprozent 1,5% Zinsforderung*

Das Weiserprozent als Maßstab für die Hiebsreife ist in Abbildung 7 dokumentiert. Die 1,5% Linie unterschreitet zwischen dem Alter 130 und 135 die Zinsforderung, d.h. eine Verlängerung der Umtriebszeit auf 135 Jahre ist nicht sinnvoll.

Diese Ergebnisse zeigen, dass das Ausmaß der Absenkung der Umtriebszeit mit steigender Zinsforderung vom periodischen Grenzertrag abhängt. Im nächsten Kapitel soll nun untersucht werden, welchen Einfluss die Steuerung der Bestandesdichte auf den periodischen Grenzertrag und damit auf die optimale Umtriebszeit hat.

3.2 Optimierung von Durchforstungen und Umtriebszeit

3.2.1 Dichteabhängiges Wachstum als Determinante optimaler Bestandesbehandlung

Ein gleichaltriger Baumbestand bzw. eine Kohorte gleichaltriger Bäume umfasst eine mit dem Alter bzw. mit der Zeit abnehmende Zahl von Stämmen. Unter natürlichen Bedingungen wird regelmäßig ein mehr oder weniger großer Teil der Zuwachsleistung darauf verwendet, sich in der Konkurrenzsituation eine möglichst optimale Ausgangsposition für die Zukunft zu verschaffen. Durch Höhen- und Dickenwachstum sichern sich die einzelnen Bestandesmitglieder Anteile des vorhandenen Wuchsraums zu ihren Gunsten. Mit Hilfe von Dichteindizes kann dieser Zusammenhang beschrieben werden: wenn eine maximale Zuwachsleistung und damit eine maximale Volumenproduktion erreicht werden soll, ist in jedem Alter infolge der zunehmenden Dimension der Individuen nur eine bestimmte Stammzahl tragbar (vgl. OLIVER UND LARSON 1996, S. 214).

Forstliche Nutzungseingriffe orientieren sich zuerst an dieser Regel und greifen der natürlichen Mortalität vor – es werden heute oder in absehbarer Zukunft in der Konkurrenz unterlegene Stämme entnommen, um den verbleibenden Individuen eine möglichst optimale Ausgangsposition für die nächste Periode zu verschaffen. Diese Art der Regulation der Bestandesdichte führt damit dazu, dass sich keine Volumenzuwachsverluste durch Überbestockung ergeben. Auf diese Weise wird der maximale naturale Holzertrag in der kürzestmöglichen Umtriebszeit erreicht.

Wie sich der Volumenzuwachs in Abhängigkeit von der Bestandesdichte und dem Alter innerhalb des verwendeten Bestandeswuchsmodells ändert, zeigt Abbildung 8[6]. Es wird deutlich, dass der lfd. Zuwachs mit zunehmendem Alter weniger stark auf eine Veränderung der Bestandesdichte bzw. des Bestockungsgrades reagiert. Die Optimierung des Holzertrags vermeidet eine Über- wie Unterbestockung, führt also zu einer Bestandesdichte im Bereich des Maximums der dichteabhängigen Zuwachsfunktion.

[6] Grundlage sind exemplarische Behandlungsregimes im Bestandeswuchsmodell. Da der ursprüngliche Bestockungsgrad im Alter 30 bei 0,8 liegt (3.000 Stämme, mittlerer Durchmesser 9,0 cm), ergeben sich erst im Laufe der Zeit, je nach Durchforstungsregime, deutliche Überbestockungen.

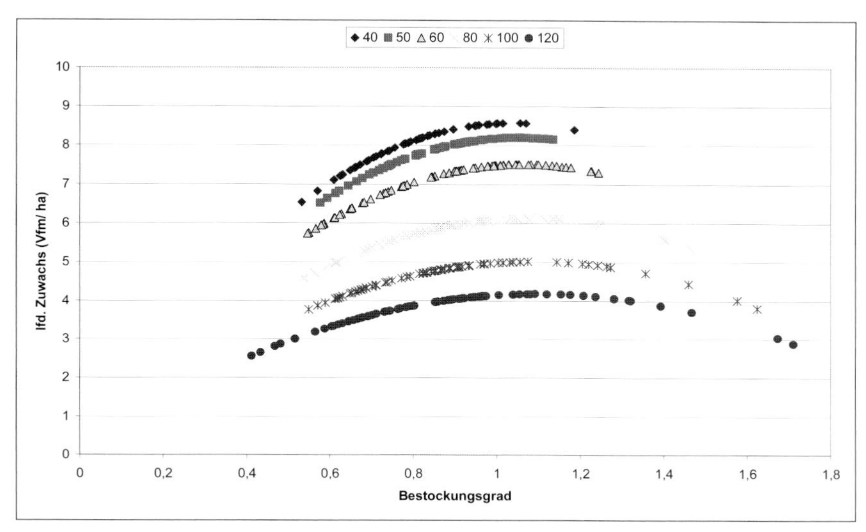

Abbildung 8: *Bestandeswuchsmodell – lfd. Zuwachs in Abhängigkeit vom Bestockungsgrad*

Freilich ist angesichts der langen Zeiträume, die für die Produktion der gewünschten Holzdimensionen benötigt werden, allein die Entnahme jener Bäume, deren Verbleiben im Bestand den Gesamtzuwachs der folgenden Periode negativ beeinflussen würde, nicht zufrieden stellend. Dies gilt insbesondere dann, wenn die Netto-Holzerlöse (also nach Abzug der Erntekosten) positiv von der Dimension abhängen. Durch Entnahme weiterer Individuen geht zwar, wie aus Abbildung 8 ersichtlich wird, der Volumenzuwachs insgesamt altersabhängig mehr oder weniger stark zurück. Der verbleibende Zuwachs verteilt sich aber auf weniger Stämme, so dass diese vergleichsweise früher stärkere Dimensionen erreichen. Je nach Vorbehandlung ergeben sich damit unterschiedliche mittlere Stammvolumina (s. Abbildung 9)[7].

Die periodischen Durchforstungsentscheidungen balancieren das Wechselspiel aus dichteabhängiger Volumen- und dimensionsabhängiger Wertleistung derart, dass sich bezogen auf den gesamten Umtrieb ein der wirtschaftlichen Zielsetzung entsprechendes optimales Ergebnis einstellt. Je nach Bestandesalter sowie funktionalem Zusammenhang zwischen Holzerlös und Durchmesser ergibt sich ein mehr oder weniger großer Spielraum für die Stammzahlreduktion.

[7] Die Darstellung beruht auf der Simulation 40 verschiedener Bestandesbehandlungsregimes.

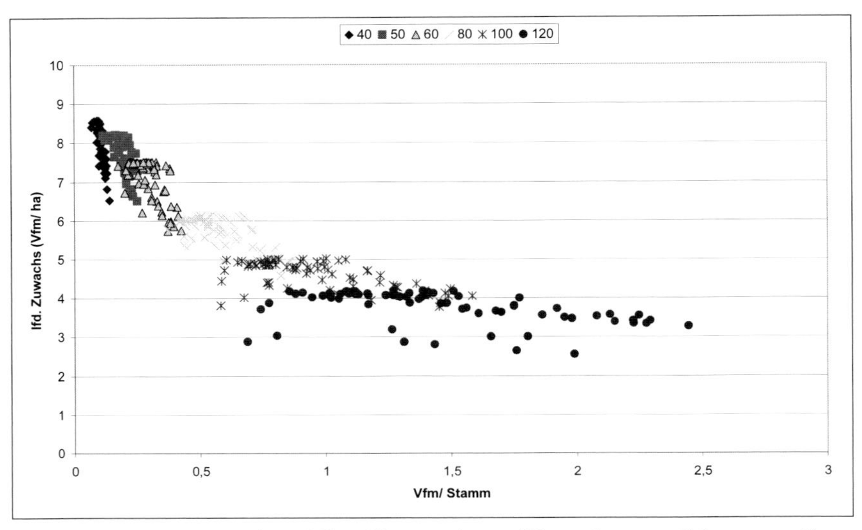

Abbildung 9: *Bestandeswuchsmodell – lfd. Zuwachs in Abhängigkeit vom Volumen pro Stamm und Alter*

Die Entscheidung über Art, Stärke und Zeitpunkt von Durchforstungseingriffen muss weiterhin berücksichtigen, dass zur Verbesserung der Wertleistung initiierten Maßnahmen auch ins Gegenteil umschlagen können. So kann bspw. die Bestandesstabilität verringert oder die mögliche natürliche Verjüngung eines Bestandes, die bei einem Scheitern zu deutlich höheren Aufwendungen führen würde, negativ beeinflusst werden (z.B. LOHMANDER UND HELLES 1987; RITTER 2004, S. 103; vgl. auch SPELLMANN 1995).

3.2.2 Analyse der ökonomisch optimalen Durchforstungsentscheidung

Mit zunehmendem Alter des Bestandes ergibt sich die Möglichkeit, durch Entnahme von Stämmen einen positiven Erlös zu erzielen und gleichzeitig den verbleibenden Bestandesmitgliedern mehr Wuchsraum zur Verfügung zu stellen. Dies bedeutet aber auch den Entzug mehr oder weniger produktiven Kapitals. Welche Eigenschaften zeichnen nun die ökonomisch optimale Durchforstungsentscheidung aus? Im Folgenden sollen diese aus theoretischer Sicht entwickelt und anhand der optimalen Lösung für die simultane Optimierung von Durchforstungen und Umtriebszeit qualitativ untersucht werden.

3.2.2.1 Theoretische Analyse der optimalen Durchforstungsentscheidung

In Abhängigkeit von der wirtschaftlichen Zielsetzung kann mittels des Wertzuwachsprozentes oder des sog. Weiserprozentes kann untersucht werden, ob ein Bestand die Hiebsreife erreicht hat oder ein Erhalt vorteilhafter ist: solange diese relativen Maße die Renditeforderung übersteigen, lohnt ein Erhalt des Bestandes.

Das Wertzuwachsprozent gilt als Kriterium für die Bestimmung des optimalen Endes eines einmaligen laufenden Umtriebs (im Sinne der Bestimmung der optimalen Umtriebszeit anhand eines Kapitalwertes). Wie in Kapitel 3.1.2.1 dargestellt, entspricht zum Zeitpunkt des optimalen Umtriebs der laufende Wertzuwachs den laufenden Zinskosten auf das eingesetzte Kapital. Übersteigen diese den laufenden Wertzuwachs, ist die Ernte vorteilhafter.

Das Weiserprozent hingegen zieht nicht nur den laufenden Wertzuwachs und die Zinskosten auf das eingesetzte Kapital, sondern auch die Opportunitätskosten der Bodennutzung in Betracht. Damit wird im Sinne der Bestimmung des Bodenertragswertes nach FAUSTMANN sowohl der Knappheit der Fläche wie des Kapitals Rechnung getragen.

Vorrausetzung für diesen Vergleich ist aber in jedem Falle ein mit dem Alter stetig abnehmender Wertzuwachs. Erst wenn diese Bedingung erfüllt ist, kann eine eindeutige Aussage zur Vorteilhaftigkeit getroffen werden[8]. Solange der Wertzuwachs noch nicht kulminiert ist, kann mit Hilfe der beschriebenen periodischen Marginalanalyse keine eindeutige Aussage getroffen werden, weil der einzelne Baum wie auch der Bestand je nach Behandlung noch eine Entwicklung nehmen können, die in folgenden Perioden zu einer erneuten Zunahme führt (KILKKI UND VÄISÄNEN 1969, S. 5; SCHREUDER 1971; MÖHRING 1994, S. 137)[9].

Die simultane Optimierung des Durchforstungsregimes und der Umtriebszeit verlangt somit, die Auswirkung jeder Entscheidung im Kontext des gesamten möglichen Produktionszeitraumes zu überprüfen, also einschließlich des Zeitraums vor Kulmination des Wertzuwachses. Infolge der Vielzahl möglicher Pfade hinsichtlich Anzahl, Art, Stärke und Zeitpunkt der Eingriffe während eines Umtriebs ergibt sich ein komplexes Optimierungsproblem.

Die analytische Lösung dieses Problems kann mit Hilfe der dynamischen Programmierung, der Variationsrechnung oder der sog. Optimalen Kontrolltheorie erfolgen. NÄSLUND (1969), SCHREUDER (1971), CLARK (1976, S. 263), DARWSE ET. AL. (1984) sowie LOHMANDER (1992) stellen diese Methoden vor und leiten Optimalitätsbedingungen ab. Vorraussetzung ihrer Analysen ist eine kontinuierliche Durchforstung. Dabei wird die Endnutzung als extreme Durchforstung aufgefasst (SCHREUDER 1971 und CLARK 1976, S. 264). Zusätzlich wird i. d. R. berücksichtigt, dass eine Endnutzung infolge von Skaleneffekten weniger Aufwand als eine Durchforstung verursacht. Alle Funktionen der betrachteten Variablen sind stetig sowie konkav oder linear, so dass die Extrempunkte gefunden werden können.

NÄSLUNDS Ableitungen mit Hilfe des sog. Maximumprinzips führen zu der Aussage, dass bei einer Durchforstung all diejenigen Bäume entnommen werden sollten, die bei einem Verbleiben im Bestand aus heutiger Sicht den Abtriebswert nicht erhöhen wür-

8 Diese Bedingung ist aus der Mikroökonomik bekannt: die erste Ableitung der i.d.R. verwendeten sog. neo-klassischen Ertragsfunktion fällt strikt mit der Zeit, weil nur der Abschnitt nach dem Wendepunkt der sigmoid verlaufenden klassischen Ertragskurve untersucht wird. Somit führt die Analyse von Grenzertrag und Grenzkosten immer zu einer eindeutigen Aussage über die Vorteilhaftigkeit.

9 Eine Veröffentlichung von SODTKE et al. (2004) zur Optimierung der Bestandesbehandlung mit Hilfe von Einzelbaumsimulatoren und eines Decision Support Systems schlägt u. a. das Wertzuwachsprozent als geeignetes Kriterium vor – eine Differenzierung im obigen Sinne fehlt indes.

den. SCHREUDER wie auch MEILBY (2001), der ebenfalls mit Hilfe von Ableitungen die Optimalitätsbedingungen aufstellt, weisen jedoch daraufhin, dass die analog zu NÄSLUNDS Methode bestimmten Gleichungen mit den Optimalitätsbedingungen nicht auf analytischem Wege gelöst werden können, weil diese keine eindeutigen Lösungen haben.

Das Ergebnis NÄSLUNDS entspricht indes ökonomischer Intuition und korrespondiert mit der Analyse, die von LOHMANDER vorgelegt worden ist. Dieser zeigt explizit auf, welche Optimalitätsbedingung in den einzelnen Perioden einzuhalten ist. Wenn über den gesamten Umtrieb ein optimales Regime vorliegen soll, muss folgende ökonomische Bedingung gelten: bei kontinuierlicher Ernte entspricht eine marginale Änderung des relativen Volumenzuwachses der marginalen Änderung des negativen (diskontierten) relativen Wertzuwachses (sie ergeben somit in Summe Null). Jeder im Bestand verbleibende Baum erfüllt unter dieser Bedingung die Prämisse des optimalen Faktoreinsatzes – die letzte zusätzlich eingesetzte Einheit des Vorratsvolumens bewirkt aus heutiger Sicht noch eine positive Erlösveränderung. Sind nämlich die Beträge dieser beiden relativen Größen nicht gleich, könnte eine der beiden verbessert werden, ohne das Gesamtergebnis zu verschlechtern (vgl. LOHMANDER 1992).

Für die optimale Bestandesbehandlung ergibt sich somit bei Annahme einer kontinuierlichen Durchforstung ein einziger Durchforstungspfad, der die ökonomische Zielgröße maximiert.

3.2.2.2 Methodik zur Optimierung

Aus der Kombination von Wuchsmodell sowie nichtlinearer Kosten- und Erlösfunktionen in einem Optimierungsmodell resultieren komplexe funktionale Zusammenhänge, die zwar mit Hilfe mathematischer Gleichungen beschrieben, jedoch nicht ohne weiteres soweit aufzulösen sind, dass die Optimalitätsbedingungen eindeutig beschrieben werden können (VALSTA 1992; MEILBY 2001). Es ist aber möglich, die qualitativen Eigenschaften des Optimierungsproblems (inklusive der Sensitivität der optimalen Lösung) mittels eines mathematischen Optimierungsalgorithmus zu untersuchen.

Dabei darf die Veränderung des Ergebnisses nur auf die Variation der Eingangsparameter, nicht jedoch auf eine ungenügende Optimierungsmethode zurückzuführen sein (VALSTA 1992). Dieses entscheidende Kriterium hat zu einer besonderen Beschäftigung mit den eingesetzten Optimierungsverfahren geführt und trägt dazu bei, dass die Ergebnisse einiger Studien nur eingeschränkt den Vergleich mit realen Situationen zulassen (z. B. ROISE 1986, HYTTIÄINNEN UND TAHVONEN 2002). Zur Optimierung bedienen sich die bekannten Untersuchungen unterschiedlicher Verfahren. Einen sehr detaillierten Überblick über die verwendeten Ansätze gibt VALSTA (1993). Im Folgenden seien die wichtigsten Verfahren kurz vorgestellt.

Mit Hilfe der dynamischen Programmierung (DP) können die Probleme der simultanen Optimierung von Durchforstung und Umtriebszeit verhältnismäßig einfach gelöst werden (KILKKI UND VÄISÄNEN 1969, S. 5). Da sich forstliche Entscheidungsprobleme ohne weiteres diskret formulieren lassen, ist dieses Verfahren gut geeignet (SCHREUDER 1971). Der Nachteil der dynamischen Programmierung ist der stark von der optimalen Lösung abhängige Rechenaufwand und die Begrenzung der einfließenden Variablen (VALSTA 1993). Bei einer zu großen Anzahl von Variablen ergibt sich ein kombinatorisches Problem, der sog. "course of dimensionality", weil der Optimierungsalgorithmus alle sich ergebenden Varianten prüfen muss, um zum Optimum zu finden. Deshalb wird im Vorhinein ein Gitter festgelegt, welches die kombinatorische Vielfalt begrenzt, aber eine hinreichende Zahl von Punkten enthält, die für das Erreichen eines aussagekräftigen Ergebnisses notwendig ist (das Gitter umfasst z.B. Informationen zur Länge des Durchforstungsintervalls, zur Durchforstungsstärke und zur maximal zulässigen Umtriebszeit). BRODIE UND KAO (1979) weisen außerdem darauf hin, dass infolge der diskreten Formulierung keine unmittelbare qualitative Einsicht in das Optimierungsproblem möglich ist. Erst mit Hilfe von Sensitivitätsanalysen kann untersucht werden, wie einzelne Parameter die Optimalität beeinflussen.

Die nicht-lineare Optimierung ermöglicht eine vergleichsweise schnelle Suche nach dem Optimum. Im Gegensatz zur dynamischen Programmierung erlaubt die notwendige stetige Formulierung des Optimierungsmodells eine flexiblere Suche nach dem optimalen Pfad, da kein Gitter festgelegt werden muss (s. BRODIE und KAO 1979). Es besteht aber das Problem, dass lokale Optima gefunden werden können, und dass sich in Abhängigkeit von der Ausgangssituation unterschiedliche Optima ergeben (VALSTA 1993). Falls das Optimum je nach Startszenario schwankt, sollten andere Optimierungsverfahren eingesetzt werden, um das Ergebnis zu überprüfen.

Optimierungsverfahren, welche die oben genannten Schwierigkeiten überwinden können, sind bspw. deterministische oder stochastische Suchverfahren, die ohne die Verwendung von Gradienten arbeiten (FRONTLINE SYSTEMS, 2004). So ist es möglich, einen nicht-linearen Optimierungsalgorithmus mit einer stochastischen Suche zu kombinieren, um das Ausweisen vermeintlicher globaler Maxima zu vermeiden. Freilich besteht auch hier ein Einwand: es ist nicht gewährleistet, dass das identifizierte Optimum auch ein zweites Mal ausgewiesen wird.

Heuristische Verfahren stellen eine Alternative zur nicht-linearen oder dynamischen Programmierung dar. Dies gilt insbesondere dann, wenn feststeht, dass der Lösungsraum nicht konvex ist oder eine dynamische Programmierung infolge der großen Anzahl von Variablen ausfällt (CHEN 2003, S. 51 ff.)

Als wichtigste Erkenntnis lässt sich somit festhalten, dass die Optimierungsmethode auf das verwendete Wuchsmodell abgestimmt werden muss. Das in dieser Studie verwendete Modell sieht sowohl zeitabhängige Zustands- wie Kontrollvariablen vor: die Zustandsvariablen beschreiben das periodische Wachstum anhand der möglichen Gesamtwuchsleistung und der höhenabhängigen Reduktionsfaktoren, die Kontrollvariablen die periodisch unterschiedlich starken Eingriffe. Da bei der dynamischen Programmierung nur die Steuervariable optimiert wird und die Kontrollvariable entfällt, bieten sich entweder die nicht-lineare Optimierung oder heuristische Verfahren an (vgl. VALSTA 1993).

In dieser Studie wird ein nichtlineares Optimierungsverfahren verwendet, weil alle einfließenden Funktionen konkav und stetig sind. Das verwendete Wuchsmodell kann ohne weiteres in MS-Excel programmiert werden, so dass die für MS-Excel nutzbare Optimierungstechnologie der PREMIUM SOLVER PLATFORM eingesetzt werden kann.

Als nichtlinearer Optimierungsalgorithmus wird die Methode der „Generalized Reduced Gradient Method“ verwendet. Um ein globales Optimum zu finden, werden zusätzlich Verfahren genutzt, die mit Hilfe von Zufallsmethoden die Region um ein lokales Optimum untersuchen. Im Gegensatz zu einer Suche, die sich auf einzelne Startpunkte beschränkt, wird eine Vielzahl von Startpunkten gewählt und nach dem Optimum gesucht. Dabei steigt die Wahrscheinlichkeit, ein globales Optimum gefunden zu haben, mit der Zahl der zufällig ausgewählten Startpunkte an. Der Nachteil dieses Verfahrens ist, dass die gefundenen Lösungen nicht wieder gefunden werden können – bei jedem Optimierungslauf werden anderen Startpunkte ausgewählt.

Zusätzlich wird der sog. "Evolutionary Solver" verwendet. Dieser Optimierungsalgorithmus bedient sich einer anderen Methode, um den Lösungsraum abzusuchen. Anstelle einer Suche in der Nachbarschaft eines Startpunktes, wie sie beim oben beschriebenen globalen Suchverfahren verwendet wird, wird eine Population von Startpunkten im gesamten Lösungsraum aufgebaut. Von diesen aus wird dann nach dem Optimum gesucht.

In jedem Fall besteht bei einem nicht-linearen Optimierungsproblem die Schwierigkeit, das globale Optimum zu finden. Obwohl in dieser Studie die Untersuchung der qualitativen Eigenschaften im Vordergrund steht und keine konkreten Empfehlungen für die forstliche Praxis gegeben werden sollen, müssen Lösungen gefunden werden, die sich eindeutig voneinander unterscheiden. Es hat sich in Vorversuchen gezeigt, dass mit der PREMIUM SOLVER PLATFORM unter Einsatz beider Verfahren stabile Ergebnisse erreicht werden konnten. Stabilität bedeutet dabei, dass von verschiedenen Startpunkten aus dasselbe Ergebnis erreicht wird.

3.2.3 Eigenschaften der Modelllösung

3.2.3.1 Optimierungskalkül Umtriebszeit und Durchforstungsregime

Im folgenden Abschnitt wird die Modelllösung für die simultane Optimierung von Umtriebszeit und Durchforstung vorgestellt. Die Zielfunktion zur Maximierung der Annuität lautet:

$$\max!V = \frac{A_T + \sum_t^T D_t[1+r]^{(T-t)} - E_{20}[1+r]^{(T-20)} - C[1+r]^T}{[1+r]^T - 1} r, \tag{28}$$

unter den Nebenbedingungen:

$$0 \leq t_n \leq T \leq 160, \tag{29}$$

$$0 \leq x_i \leq 0{,}4, \; \mathrm{i} = 1, ..., \mathrm{n-1}, \tag{30}$$

$$t_{\min} \leq t_1 \leq t_2, ..., \leq t_{n-1} \leq t_n \leq T. \tag{31}$$

A_T ist der Abtriebswert zum Zeitpunkt T, D_t ist der Durchforstungserlös zum Zeitpunkt t, E_{20} ist die Auszahlung für die Läuterung im Alter 20 und C ist die Auszahlung für die Bestandesbegründung (Kulturkosten).

Bei Bestandeswirtschaft mit künstlicher Verjüngung wird für die Kultur ein Aufwand von 2000,- € angesetzt. Im Alter 20 fallen 400,- € Aufwand für eine Läuterung an[10]. Die Durchforstung beginnt ab dem Alter 30, wobei in jeder Periode eingegriffen werden kann. Die periodische Stammzahlentnahme (x_i) beträgt maximal 40%.

Der Optimierungsalgorithmus optimiert die Anzahl der Eingriffe und die Stärke des periodischen Eingriffs (prozentuale Stammzahlentnahme) sowie die Umtriebszeit, wobei letztere höchstens 160 Jahre betragen kann. Die Optimierung erfolgt für Zinsforderungen von 0-2%.

[10] Der Läuterungsaufwand wird vereinfachend dem Alter 20 zugeordnet.

3.2.3.2 Eigenschaften der optimalen Lösung

Analog zur alleinigen Optimierung der Umtriebszeit nimmt die Umtriebszeit zunächst mit steigender Zinsforderung von 145 Jahren (0%) bis auf 130 Jahre (1,75%) ab, steigt dann aber mit Unterschreiten der internen Verzinsung, die etwa 1,8% beträgt, deutlich auf 160 Jahre (2% Zinsforderung) an.

Die interne Verzinsung des Zahlungsstroms wird offenbar durch die simultane Optimierung der Durchforstung verbessert – bei einer Zinsforderung von 1,75% liegt nun eine positive Annuität vor (s. Tabelle 4).

Tabelle 4: *Übersicht Modelllösung Umtriebszeit und Durchforstungsregime*

Zinsrate (%)	*0*	*0,5*	*1,5*	*1,75*	*2*
Optimale Umtriebszeit	145	135	130	130	160
Annuität pro ha	80,9 €	54,2 €	10,6 €	1,2 €	-7,6 €
Durchschnittlicher direktkostenfreier Erlös pro ha	80,9 €	79,7 €	72,9 €	69,5 €	53,0 €
Anzahl der Durchforstungen	20	21	19	20	25
Perioden ohne Df.	3	0	1	0	1
Stärke der Durchforstung (mittlere Stammzahlentnahme in %) Alter 30-120	11,8%	13,0%	16,7%	18,0%	21,7%
Stammzahl Alter 40	648	909	1080	1080	1080
Stammzahl Alter 50	648	808	807	793	771
Stammzahl Alter 60	566	620	582	557	532
Stammzahl Alter 80	391	393	313	287	257
Stammzahl Alter 100	288	266	167	137	113
Stammzahl Alter 120	219	183	83	61	24
mittlerer Durchmesser Alter 40 (cm)	16,3	15,6	15,4	15,4	15,4
mittlerer Durchmesser Alter 50 (cm)	20,2	19,1	18,8	18,9	18,9
mittlerer Durchmesser Alter 60 (cm)	23,5	22,4	22,2	22,4	22,5
mittlerer Durchmesser Alter 80 (cm)	29,4	28,4	29,0	29,4	29,9
mittlerer Durchmesser Alter 100 (cm)	34,6	34,1	36,1	37,1	38,1
mittlerer Durchmesser Alter 120 (cm)	39,3	39,5	43,9	45,7	49,8
Bestockungsgrad Alter 40	0,53	0,69	0,79	0,79	0,79
Bestockungsgrad Alter 50	0,81	0,90	0,88	0,86	0,84
Bestockungsgrad Alter 60	0,95	0,94	0,87	0,84	0,82
Bestockungsgrad Alter 80	1,03	0,97	0,80	0,76	0,70
Bestockungsgrad Alter 100	1,07	0,96	0,68	0,59	0,51
Bestockungsgrad Alter 120	1,09	0,92	0,52	0,41	0,19

Wie in den Abbildungen 10 bis 13 sowie in Tabelle 4 deutlich wird, ergeben sich in Abhängigkeit von der Zinsforderung deutliche Unterschiede bei der Bestandesdichte, der Stammzahl, dem Bestandesvorrat und dem Abtriebswert[11].

Abbildung 10 zeigt dies zunächst anhand der Bestandesgrundfläche. Nachdem in den beiden ersten Perioden unabhängig von der Zinsforderung mit gleicher und höchst-

[11] Im Folgenden wird auf die Darstellung der Ergebnisse für eine Zinsforderung von 2% verzichtet, um die Lesbarkeit der Grafiken zu verbessern.

möglicher Stärke eingegriffen wird, geht anschließend die Durchforstungsstärke mit steigender Zinsforderung zurück. Bis etwa zu einem Alter von 50 Jahren liegen die Grundflächen aller Varianten mit einer Zinsforderung größer 0,5% über denjenigen niedrigerer Zinsforderung. Anschließend nimmt mit höherem Zins die Durchforstungsstärke zu, entsprechend geht die Grundfläche zurück, während bei niedrigem Zins die Durchforstungsstärke abnimmt.

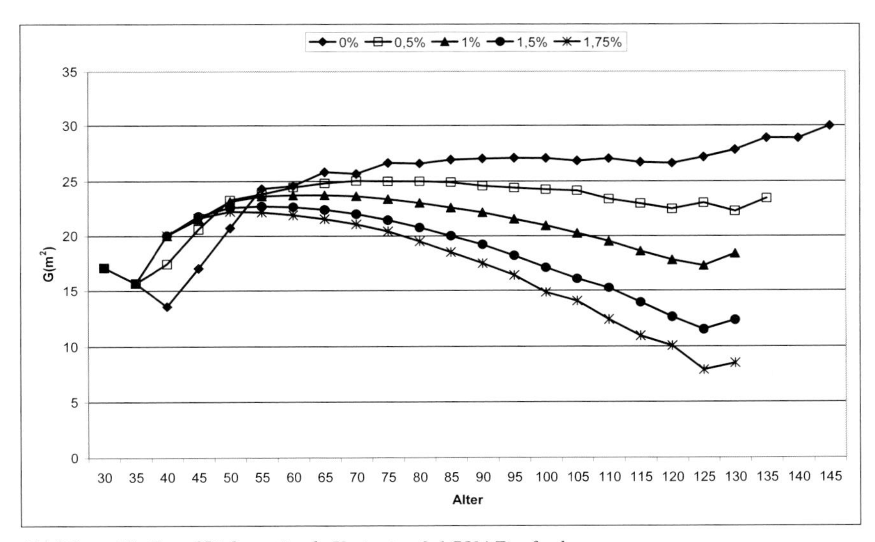

Abbildung 10: *Grundfläche optimale Varianten 0-1,75% Zinsforderung*

Die Beobachtungen für die Grundfläche spiegeln sich in der Entwicklung der Stammzahl wider (s. Abbildung 11)[12]. Es wird deutlich, wie sich die Abweichungen im Durchforstungsprogramm zu Beginn des betrachteten Zeitraums auswirken. Bis zum Alter 60 liegt bei positiver Zinsforderung eine höhere Stammzahl vor. Anschließend nimmt die Stammzahl aber mit steigendem Zins verhältnismäßig schnell ab. Diese Relation bleibt bis zum Ende des betrachteten Zeitraums erhalten. So beträgt im Alter 120 die Differenz zwischen 0% Variante und 1,75% Variante 158 Stämme. Infolge der deutlich höheren Dimension fällt der Unterschied beim Bestockungsgrad nicht ganz so deutlich aus (1,09 zu 0,41; vgl. Tabelle 4).

[12] Die Skalierung berücksichtigt hier die gleiche Durchforstungsintensität während der ersten beiden Perioden.

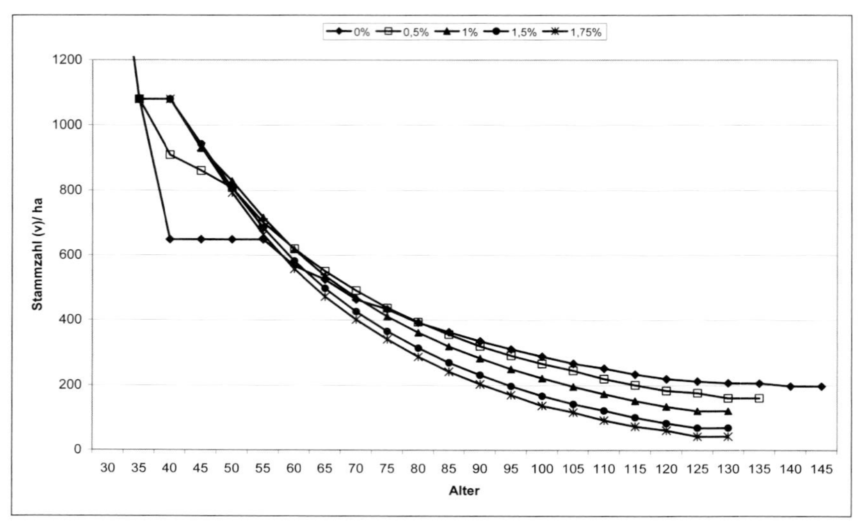

Abbildung 11: *Stammzahl (v) optimale Varianten 0-1,75% Zinsforderung*

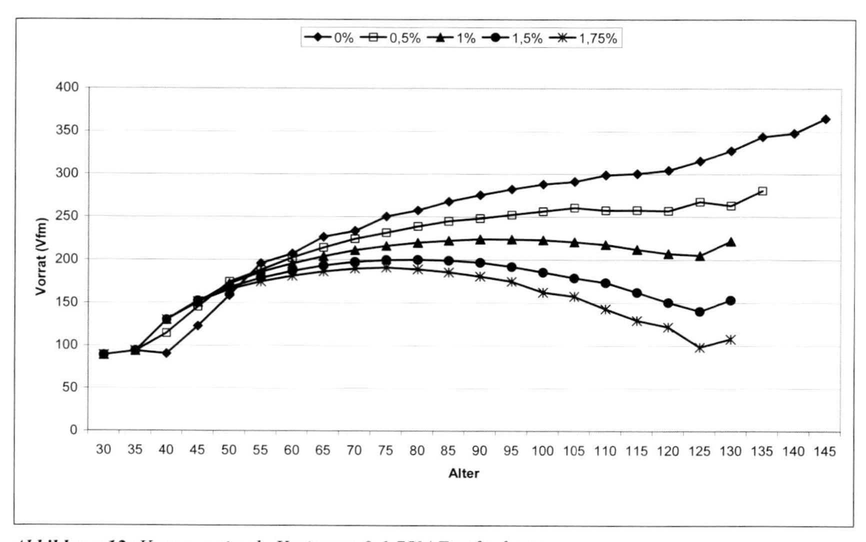

Abbildung 12: *Vorrat optimale Varianten 0-1,75% Zinsforderung*

Analog ist die Vorrats- und Wertentwicklung (vgl. Abbildung 12 bzw. Abbildung 13). Bei geringerer Zinsforderung liegt ein niedrigerer Vorrat (Abtriebswert) in der Jugend vor, dem ein laufender Vorratsaufbau (Abtriebswertaufbau) im Alter gegenüber steht. Eine positive Zinsforderung dreht diese Verhältnisse um: höherem Vorrat bzw. Wert in der Jugend steht ein Vorratsabbau und damit Wertrückgang im Alter gegenüber.

Der Massenzuwachs kulminiert bei höherer Zinsforderung früher als bei niedriger Zinsforderung (s. Abbildung 14). So erreicht die Variante 1,75% den höchsten Volumenzuwachs bereits im Alter 45, die Variante 0% hingegen erst im Alter 60. Der Wertzuwachs unterscheidet sich insbesondere zwischen dem Alter 40 und 50. Er erreicht die höchsten Werte unabhängig von der Zinsforderung im Alter 60 (s. Abbildung 15). Der relative Wertzuwachs (laufendes Zuwachsprozent; definiert als Verhältnis von lfd. Wertzuwachs zu Abtriebswert) ist bis zum Alter 55 höher, wenn eine niedrigere Zinsforderung vorliegt. Anschließend kehrt sich dieses um: nun wird mit steigender Zinsforderung auch ein höherer relativer Wertzuwachs erreicht (s. Abbildung 16).

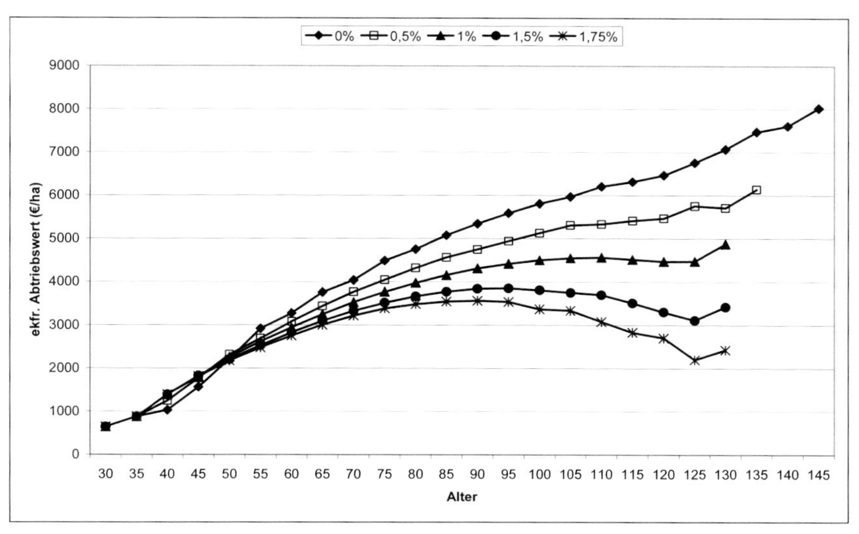

Abbildung 13: *Abtriebswert optimale Varianten 0-1,75% Zinsforderung*

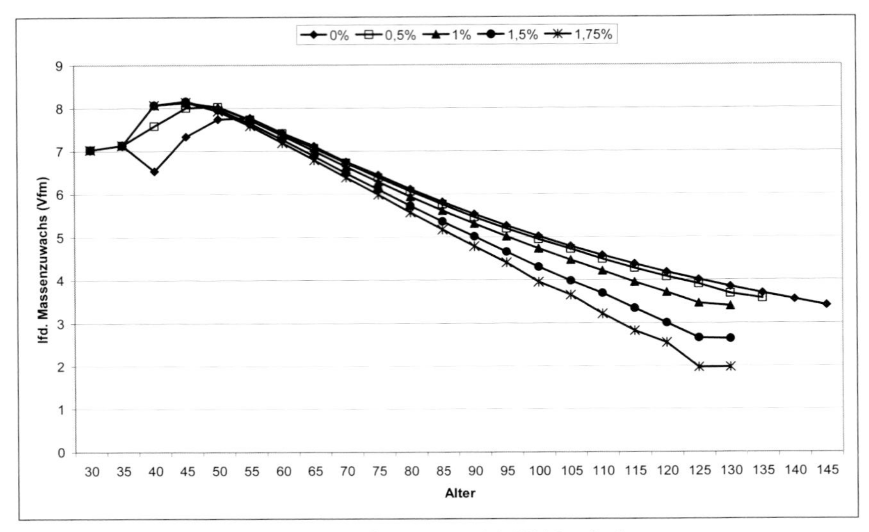

Abbildung 14: *lfd. Massenzuwachs optimale Varianten 0-1,75% Zinsforderung*

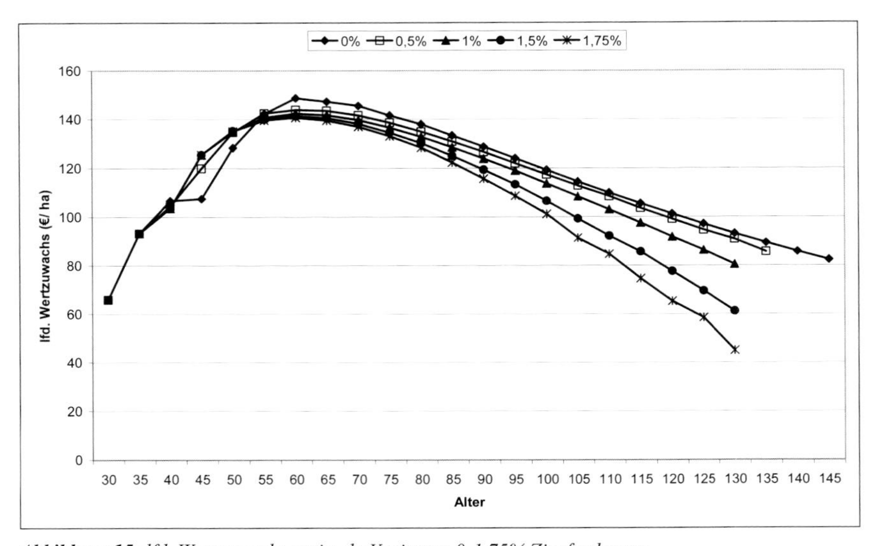

Abbildung 15: *lfd. Wertzuwachs optimale Varianten 0-1,75% Zinsforderung*

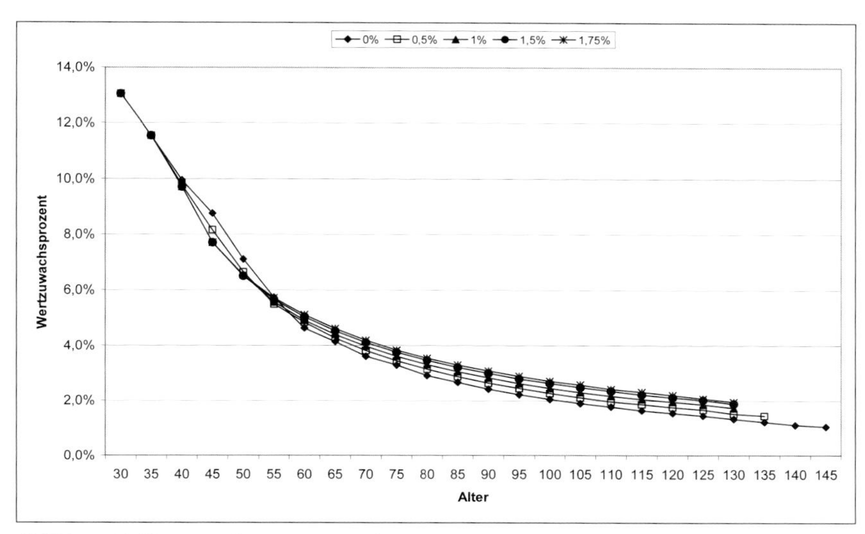

Abbildung 16: *Wertzuwachsprozent optimale Varianten 0-1,75% Zinsforderung*

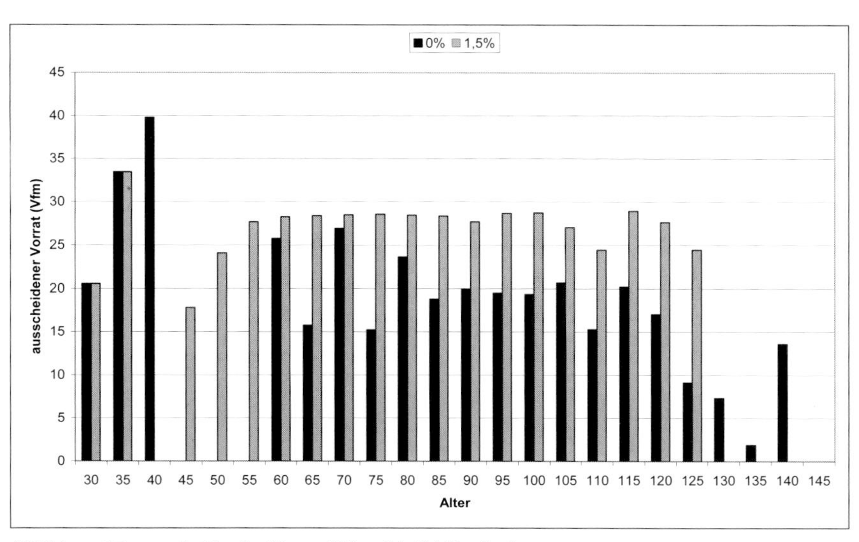

Abbildung 17: *ausscheidender Vorrat 0% und 1,5% Zinsforderung*

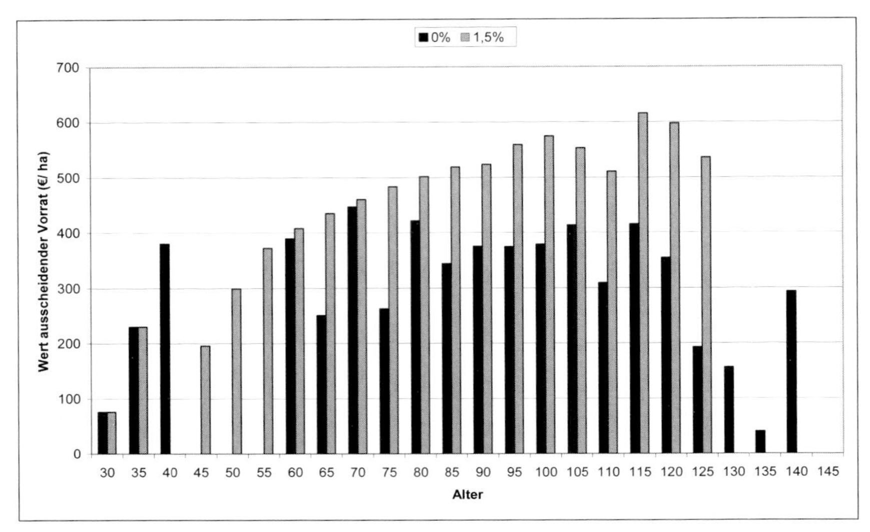

Abbildung 18: *Wert des ausscheidenden Vorrats 0% und 1,5% Zinsforderung*

3.2.3.2.1 Vergleich der Durchforstungsregimes

Die in Abhängigkeit von der Höhe der Zinsforderung unterschiedliche Bestandesentwicklung spiegelt sich in den Kennzahlen für den ausscheidenden Bestand wider. Abbildung 17 und Abbildung 18 zeigen Volumen und Wert des ausscheidenden Bestandes.

Anzahl und Zeitpunkt der Durchforstungen unterscheiden sich in der Phase bis zum Alter 55. Bei der 0% Variante wird nach drei Eingriffen in den drei folgenden Perioden nicht durchforstet (Hiebsruhe), während bei den übrigen Varianten in dieser Zeit höchstens einmal mit der Durchforstung ausgesetzt wird (s. Tabelle 5, vgl. auch Abbildung 17).

Die Stärke der Durchforstungen (definiert als ausscheidende Stammzahl in Prozent) unterscheidet sich insbesondere in den ersten Perioden und in den Perioden nach Erreichen des Alters 80, also nach Erreichen von etwa zwei Dritteln der Umtriebszeit (s. Tabelle 5). Unabhängig von der Renditeforderung erfolgen in den ersten beiden Perioden Durchforstungen mit der höchstmöglichen Stärke, also einer Entnahme von 40% der vorhandenen Stammzahl.

Während bei 0% Zinsforderung auch ein drittes Mal mit voller Stärke eingegriffen wird, erfolgt mit einem Zinsfuß größer als 1% zunächst eine Hiebsruhe für eine Periode. Anschließend wird bei diesen Varianten kräftiger eingegriffen, bei den anderen Varianten geht die Eingriffsstärke auf einen einstelligen Wert zurück. Vergleicht man die Varianten 1,5% und 1,75%, so zeigt sich, dass im letzten Drittel des Umtriebs bei höherer Zinsforderung stärker eingegriffen wird, während zu Beginn keine großen Abweichungen vorliegen.

Tabelle 5: *Übersicht Stammzahlentnahme in den Perioden*

Zinsrate (%)	***0,00***	***0,50***	***1,00***	***1,50***	***1,75***	***2,00***
Alter/ Umtriebszeit	**145**	**135**	**130**	**130**	**130**	**160**
30	40%	40%	40%	40%	40%	40%
35	40%	40%	40%	40%	40%	40%
40	40%	16%	0%	0%	0%	0%
45	0%	5%	14%	13%	14%	14%
50	0%	6%	11%	14%	15%	17%
55	0%	13%	14%	15%	16%	17%
60	13%	11%	14%	15%	16%	16%
65	7%	11%	13%	15%	15%	17%
70	12%	11%	13%	14%	15%	16%
75	7%	11%	12%	14%	15%	17%
80	10%	10%	12%	14%	16%	17%
85	7%	10%	12%	14%	16%	17%
90	8%	10%	11%	14%	16%	19%
95	7%	9%	12%	15%	16%	18%
100	7%	8%	11%	15%	19%	20%
105	8%	8%	11%	15%	15%	25%
110	6%	10%	11%	14%	21%	23%
115	7%	9%	12%	17%	21%	39%
120	6%	9%	12%	18%	17%	40%
125	3%	4%	10%	17%	30%	40%
130	2%	9%	0%	0%	0%	40%
135	1%	0%	-	-	-	40%
140	4%	-	-	-	-	40%
145	-	-	-	-	-	40%
150	-	-	-	-	-	40%
155	-	-	-	-	-	39%
160	-	-	-	-	-	0%
Anzahl der Durchforstungen	20	21	19	19	19	25
Perioden ohne Durchforstungen	3	0	1	1	1	1
Stärke der Durchforstung (mittlere Stammzahlentnahme in %) Alter 30-60	19%	19%	19%	20%	20%	21%
Stärke der Durchforstung (mittlere Stammzahlentnahme in %) Alter 30-120	12%	13%	14%	17%	18%	22%

3.2.3.3 Vergleich der optimalen Lösungen für 0% und 1,5% Zinsforderung

Die obigen Ergebnisse zeigen, dass sowohl hinsichtlich der Umtriebszeit als auch hinsichtlich Anzahl, Zeitpunkt und Intensität der Durchforstungen deutliche Unterschiede zwischen den Varianten bestehen. Bei zunehmend positiver Zinsforderung nimmt in der zweiten Hälfte des Umtriebs die Eingriffsstärke deutlich zu- und somit die Bestockung stärker ab. Gleichzeitig gehen das laufende, bestandesbezogene Volumenzuwachs- und Wertzuwachsprozent vergleichsweise weniger stark zurück (s. Abbildung 19 bis Abbildung 22). Diese beiden relativen Größen zeigen bis zum Alter 55 (Volumen) und Alter 60 (Wertzuwachs) bei 0% einen nahezu linear fallenden Verlauf, während bei der Variante 1,5% ab dem Alter 45 ein unterproportionaler Rückgang zu verzeichnen ist.

Untersucht man die Zahlungsströme, so fällt auf, dass dem bei der 0% Lösung kontinuierlichen, indes in seiner absoluten Höhe zurückgehenden Zahlungsstrom nach anfänglich gleicher Höhe (Durchforstungen im Alter 30 und 35) bei der 1,5% Lösung zunächst sogar leicht fallende, dann aber deutlich ansteigende Zahlungen gegenüber stehen (s. Abbildung 18). Die absolute Summe der Durchforstungserlöse der Variante 1,5% ist höher als bei der Variante 0% (8.454,- € gegenüber 6.109,- €). Verhältnismäßig größer ist der Unterschied bis einschließlich Alter 60. Hier stehen 1.078,- € (0%) sogar 1.583,- € (1,5%) gegenüber.

Abbildung 23, in der das Wertzuwachsprozent in Abhängigkeit von Bestockungsgrad und Alter dargestellt ist[13], verdeutlicht ebenfalls diese qualitativen Unterschiede. Die Grundfläche der 1,5% Variante unterschreitet erst nach dem Alter 50 diejenige der 0% Variante. Danach geht die Grundfläche kontinuierlich – bei weniger starkem Rückgang des relativen Wertzuwachses – zurück. Der Vorteil der zunächst höheren Grundfläche ist, dass kontinuierlich durchforstet werden kann, ohne dass es zu Zuwachsverlusten und damit einem deutlichen Abfall in der Wertleistung kommt (vgl. Tabelle 6).

[13] Diese Darstellung beschreibt die bei unterschiedlichsten Bestandesbehandlungsstrategien resultierende Kombination von Bestockungsgrad und Wertzuwachsprozent in Abhängigkeit vom Bestandesalter. Es handelt sich um das mittlere periodische Wertzuwachsprozent, so dass zu Beginn niedrigere Werte für das Wertzuwachsprozent vorliegen als in den übrigen Abbildungen dargestellt werden.

Die Bewertung der Zahlungsströme bei 1,5% Zins zeigt – erwartungsgemäß – den finanziellen Vorteil im Investitionskalkül: die Variante 1,5% Zinsforderung weist einen höheren Barwert auf (3.533,- € im Vergleich zu 3.489,- €; berechnet als Barwert aller Durchforstungserlöse sowie des Abtriebswertes für das Alter 30). Dabei kompensiert der wesentlich höhere Zahlungsstrom den niedrigeren Abtriebswert im Alter 70. Die geometrischen Mittelwerte für das Volumen- und Wertzuwachsprozent, die für die Variante 1,5% Zinsforderung leicht höher liegen, korrespondieren mit diesem Ergebnis: infolge der bis zum Alter 70 durchschnittlich höheren Bestockung wird ein etwas höherer durchschnittlicher relativer Volumen- wie Wertzuwachs erreicht.

Tabelle 6: *Varianten 0% und 1,5% Zinsforderung bis einschließlich Alter 70*

	Alter	N	dg (cm)	G (m^2)	B°	IZ	VZ%	WZ	WZ%	Zahlungsstrom (€)	Zahlungsstrom disk. Alter 30 (€)	Abtriebswert (€)	Summe disk. Alter 30 (€)
0,00%	30	1800	11,0	17,1	0,7	7,6	8,6%	67	13,0%	77	77	642	718
	35	1080	13,6	15,7	0,6	7,3	7,8%	94	11,5%	230	214	878	1105
	40	648	16,3	13,5	0,5	6,5	7,2%	107	9,9%	381	328	1030	1506
	45	648	18,3	17,1	0,7	7,1	5,8%	108	8,8%	0	0	1568	1872
	50	648	20,2	20,7	0,8	7,5	4,7%	129	7,1%	0	0	2210	2259
	55	648	21,8	24,3	0,9	7,4	3,8%	142	5,7%	0	0	2921	2631
	60	566	23,5	24,6	0,9	7,1	3,4%	149	4,6%	390	249	3274	2962
	65	525	25,0	25,8	1,0	6,8	3,0%	147	4,1%	251	149	3759	3249
	70	463	26,6	25,7	1,0	6,4	2,7%	145	3,6%	447	247	4039	3489
	Sum./ Mittel	781	19,6	20,5	0,8	7,1	4,8%	121	6,9%	1775	1263	-	-
	Alter	N	dg (cm)	G (m^2)	B°	IZ	VZ%	WZ	WZ%	Zahlungsstrom (€)	Zahlungsstrom disk. Alter 30 (€)	Abtriebswert (€)	Summe disk. Alter 30 (€)
1,50%	30	1800	11,0	17,1	0,7	7,6	8,6%	66	13,0%	77	77	642	718
	35	1080	13,6	15,7	0,6	7,3	7,8%	93	11,5%	230	214	878	1105
	40	1080	15,4	20,0	0,8	8,0	6,2%	104	9,7%	0	0	1396	1493
	45	942	17,1	21,8	0,9	7,9	5,2%	125	7,7%	196	156	1827	1908
	50	807	18,8	22,5	0,9	7,7	4,6%	135	6,5%	300	222	2204	2306
	55	684	20,5	22,7	0,9	7,3	4,1%	140	5,7%	372	257	2531	2670
	60	582	22,2	22,6	0,9	6,9	3,7%	141	5,0%	408	261	2829	2997
	65	497	23,9	22,4	0,9	6,5	3,4%	140	4,5%	435	258	3097	3284
	70	426	25,6	22,0	0,8	6,2	3,1%	138	4,1%	460	254	3327	3533
	Sum./ Mittel	878	18,7	20,7	0,8	7,3	4,9%	120	7,0%	2478	1699	-	-

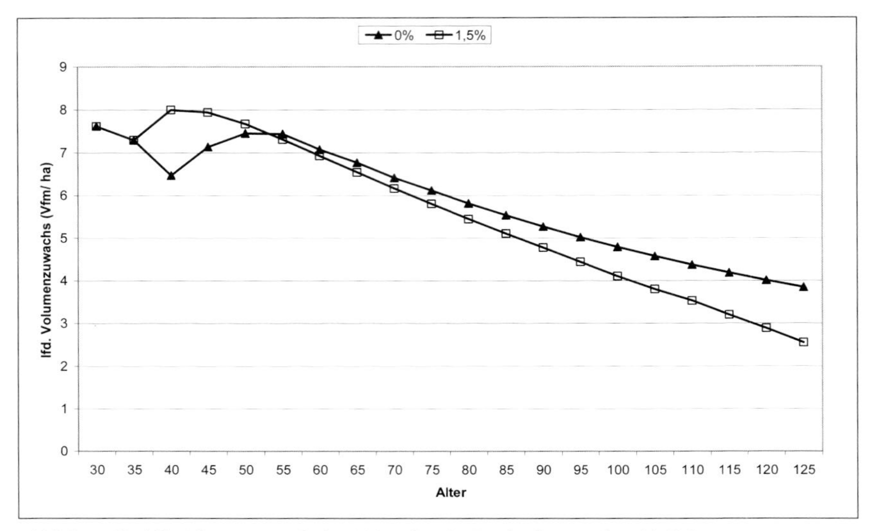

Abbildung 19: *lfd. Volumenzuwachs bei 0% und 1,5% Zinsforderung Alter 30-125*

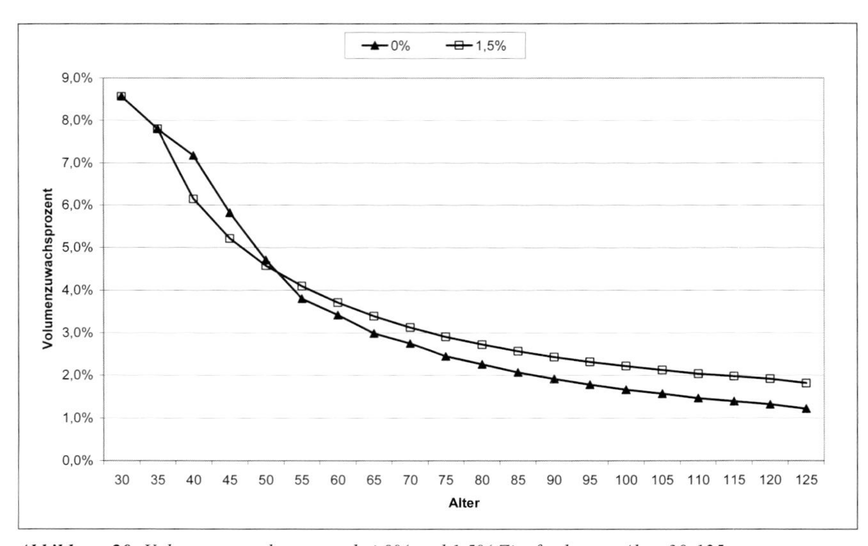

Abbildung 20: *Volumenzuwachsprozent bei 0% und 1,5% Zinsforderung Alter 30-125*

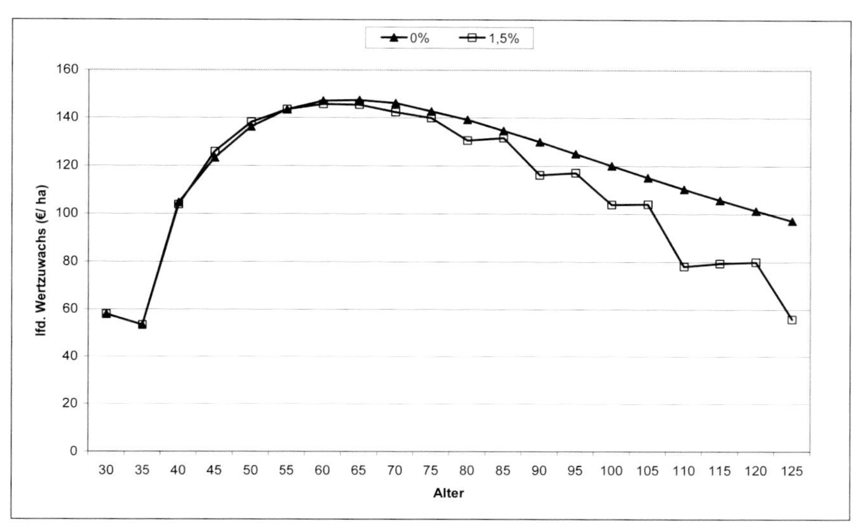

Abbildung 21: *lfd. Wertzuwachs bei 0% und 1,5% Zinsforderung Alter 30-125*

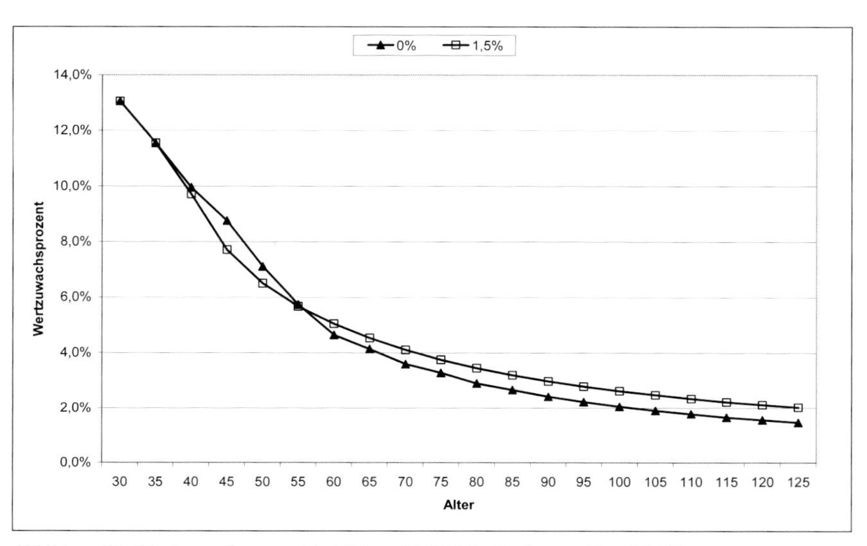

Abbildung 22: *Wertzuwachsprozent bei 0% und 1,5% Zinsforderung Alter 30-125*

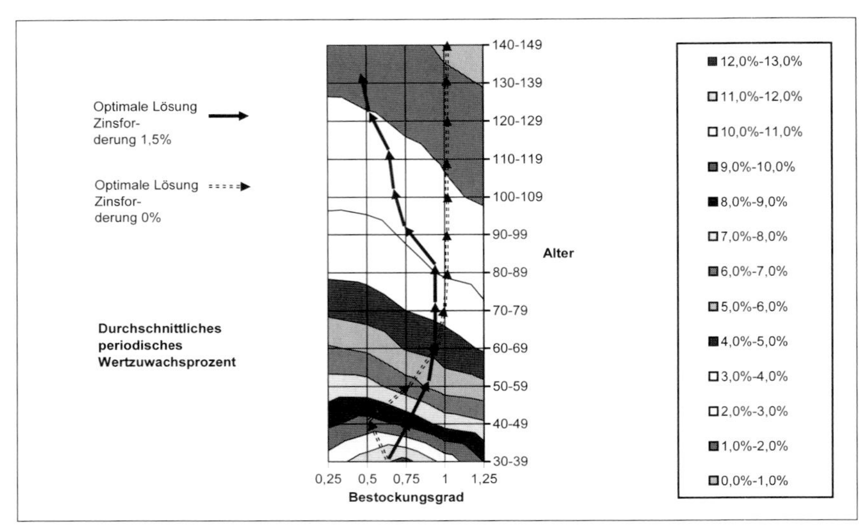

Abbildung 23: *Wertzuwachsprozent in Abhängigkeit von Bestockungsgrad und Alter*

Auch wenn die Variante 1,5% Zinsforderung hinsichtlich des durchschnittlichen relativen Volumen- wie Wertzuwachses und damit im Bezug auf einen effizienten Mitteleinsatz leicht vorteilhaft erscheint, so kann doch über diese Größen keine klare Aussage zur Vorteilhaftigkeit einer gesamten Bestandesbehandlungsstrategie gewonnen werden. Abbildung 23 verdeutlicht dies: dargestellt wird das durchschnittliche Wertzuwachsprozent für zehnjährige Perioden in Abhängigkeit vom Bestockungsgrad. Betrachtet man die Pfade für die beiden optimalen Lösungen bei 0% und 1,5% Zinsforderung, so wird deutlich, dass eine Steuerung über das Wertzuwachprozent bis zum Alter 60 die Lösung bei 0% Zinsforderung vorteilhafter erscheinen ließe, während in den folgenden Dekaden die Lösung bei 1,5% Zinsforderung diese Zielsetzung besser erfüllte. Diese Betrachtung greift aber zu kurz, weil die jeweiligen periodischen Werte Ergebnisse aus der Optimierung der gesamten Umtriebszeit sind.

Die bisherigen Ergebnisse zeigen, dass die simultane Optimierung von Durchforstung und Umtriebszeit in Abhängigkeit von der Zinsforderung zu deutlich unterschiedlichen Durchforstungsregimes führt. So korrespondieren bei 0% Zinsforderung sehr starke Eingriffe zu Beginn der betrachteten Umtriebszeit mit höheren Vorräten und Abtriebswerten in der zweiten Hälfte des Umtriebs, während bei 1,5% Zinsforderung weniger starke, dafür aber häufigere Eingriffe zu Beginn mit einer zunehmend niedrigeren Bestockung in der zweiten Hälfte des Umtriebs einhergehen.

Die bereits im Kapitel 2.3.1 diskutierte Eigenschaft, mit zunehmendem Alter beim Grundflächenzuwachs weniger stark auf eine Grundflächenabsenkung zu reagieren (gewissermaßen eine ‚Dämpfung') ergibt sich aus der dichteabhängigen Wuchsreaktion des Modells. Dies führt dazu, dass im Bereich noch zunehmenden Wertzuwachses nicht so stark durchforstet wird – das System leistet eine hohe interne Verzinsung. Im höheren Alter ist es hingegen sinnvoll, die Bestandesdichte zunehmend abzusenken. Zum einen erscheinen später eingehende Zahlungen im Zinskalkül weniger günstig als früher eingehende, zum anderen ergeben sich mit höherem Vorratswert auch höhere Kosten der Kapitalbindung. Insofern ist nun ein niedrigerer Bestockungsgrad vorteilhafter, weil bei nur geringem Unterschied in der relativen Wertleistung eine deutlich niedrigere Kapitalbindung vorliegt (vgl. Abbildung 23).

3.2.3.4 Optimalität der Lösung

Die Berücksichtigung einer Zinsforderung verändert das Durchforstungsregime. Es ergeben sich Durchforstungsregimes, die einen insgesamt niedrigeren durchschnittlichen direktkostenfreien Erlös (infolge niedrigerer Bestockung im höheren Alter) aufweisen, dafür aber zu einem höheren Zahlungsstrom aus Vornutzungen führen. In diesem Abschnitt wird untersucht, welche Bedingungen die optimalen Lösungen erfüllen.

Wie bereits zu Anfang beschrieben, sinkt mit höherem Zins bei alleiniger Optimierung der Umtriebszeit der optimale Endnutzungszeitpunkt. Der bei simultaner Optimierung beobachtete Effekt der zunächst fallenden, dann konstanten und schließlich wieder steigenden Umtriebszeit zeigt, wie sich die gleichzeitige Optimierung der Bestandesbehandlung im Investitionskalkül auswirkt. Da mit steigendem Zins die Annuität sinkt (oder gar negativ wird), ergeben sich geringere Opportunitätskosten der Bodennutzung, so dass sich die Umtriebszeit nicht notwendigerweise weiter verkürzen muss. Gleichzeitig wird durch die starken Durchforstungen erreicht, dass der Grenzertrag die Opportunitätskosten der Kapitalerhaltung im Bestand übersteigt. Der Vergleich der

Durchforstungsintensität zwischen den Varianten 1,5% und 1,75% zeigt anschaulich, wie durch eine zum Ende des Umtriebs zunehmende Durchforstungsintensität das Wertzuwachsprozent auf dem erforderlichen Niveau gehalten werden kann (s. Abbildung 16). Zu Beginn des Umtriebs unterscheiden sich die beiden Lösungen indes kaum voneinander (s. Tabelle 4). Bei festgelegtem Durchforstungsregime ist diese Anpassung nicht möglich[14].

3.2.3.4.1 Grenzverzinsung des eingesetzten Kapitals

Nimmt man an, dass im Zusammenspiel von Stammzahlentnahme und Wachstum des verbleibenden Bestandes in der vorletzten Periode des Umtriebs der Grenzertrag die Annuität übersteigen muss, können nur diejenigen Bäume im Bestand verbleiben, deren erwartete Wertleistung in Summe die Kosten der Kapitalbindung und der Bodennutzung übersteigt. Beträgt die Zinsforderung 1,5%, so muss mindestens diese Grenzverzinsung erreicht werden. Entsprechend lässt sich diese Überlegung auf frühere Perioden übertragen. Das Kalkül bezieht sich dann auf den Grenzertrag der laufenden und aller zukünftigen Perioden bis zum Ende des Umtriebs. Gilt diese Optimalitätsbedingung nun für die oben vorgestellten Ergebnisse?

Mittels einer Sensitivitätsanalyse wird im Folgenden untersucht, wie eine geringe Änderung der Stammzahlentnahme in den einzelnen Perioden die Zielgröße der Annuität verändert. Durch Gegenüberstellung der optimalen und der veränderten Zielgröße kann die Grenzrendite berechnet werden, welche die Änderung ausgelöst hat. Für alle Perioden wird eine Abweichung von 1% und 0,1% von der optimalen Stammzahlentnahme untersucht. Da in einigen Perioden die untere bzw. obere Grenze der möglichen Stammzahlentnahme erreicht worden ist, werden bei diesen Fällen jeweils nur Abweichungen in eine Richtung betrachtet.

Es ergeben sich die in Tabelle 7 und Tabelle 8 dargestellten Werte für die periodische Grenzrendite bei einer Zinsforderung von 0% und 1,5%.

[14] Bei negativer Annuität trägt jeder positive Erlös zur Steigerung der Annuität bei – wenn der periodische Kapitaleinsatz optimal ist. So erklärt sich bei einer Zinsforderung von 2% die Verlängerung des Umtriebs auf den im Modell maximal möglichen Zeitraum. Bei festgelegtem Durchforstungsregime verlängert sich die Umtriebszeit nicht, weil die nach dem Alter 125 erzielbaren periodischen Grenzrenditen unter denen für die optimale Lösung für die interne Verzinsung liegen.

Tabelle 7: *Marginale Rendite bei Abweichen von der optimalen Lösung (+/- 1%)*

Abweichung/ Alter		30	35	40	45	50	55	60	65	70	75	80	85
0%	1,0%	-	0,70%	0,74%	0,41%	0,19%	0,04%	0,03%	0,02%	0,03%	0,02%	0,02%	0,02%
	-1,0%	-0,53%	-1,17%	-0,44%	-	-	-	-0,05%	-0,04%	-0,03%	-0,03%	-0,02%	-0,02%
1,5%	1,0%	-	-	1,77%	1,58%	1,58%	1,56%	1,55%	1,54%	1,54%	1,53%	1,52%	1,52%
	-1,0%	-0,34%	0,87%	0,89%	1,44%	1,44%	1,44%	1,45%	1,46%	1,46%	1,47%	1,47%	1,48%
Abweichung/ Alter		**90**	**95**	**100**	**105**	**110**	**115**	**120**	**125**	**130**	**135**	**140**	
0%	1,0%	0,02%	0,02%	0,02%	0,02%	0,02%	0,02%	0,02%	0,01%	0,01%	0,01%	0,01%	
	-1,0%	-0,02%	-0,01%	-0,01%	-0,01%	-0,01%	-0,01%	-0,01%	-0,01%	-0,01%	-0,01%	-0,01%	
1,5%	1,0%	1,52%	1,52%	1,52%	1,51%	1,50%	1,51%	1,51%	1,50%	1,50%	-	-	
	-1,0%	1,48%	1,49%	1,49%	1,49%	1,48%	1,49%	1,49%	1,49%	1,49%	-	-	

Während sich die zusätzlich entnommene Menge mit höchstens 0% (1,5%) verzinst hätte, lässt eine geringere Entnahme einen Rückgang der Verzinsung im verbleibenden Bestand unter die geforderte Grenzverzinsung von 0% (1,5%) erwarten. Abbildung 24 zeigt, dass bei einer Abweichung von 1% die Ergebnisse immer über bzw. unter der Linie von 0% bzw. 1,5% liegen (vgl. Tabelle 7). Die optimale Lösung impliziert also für den verbleibenden Bestand eine Mindestverzinsung in Höhe der Forderung an eine alternative Anlagemöglichkeit.

Tabelle 8: *Marginale Rendite bei Abweichen von der optimalen Lösung (+/- 0,1%)*

Abweichung/ Alter		30	35	40	45	50	55	60	65	70	75	80	85
0%	0,1%	-	-	-	0,35%	0,14%	0,00%	0,00%	0,00%	0,01%	0,00%	0,00%	0,00%
	-0,1%	-0,55%	-1,33%	-0,27%	-	-	-	-0,01%	-0,01%	0,00%	-0,01%	0,00%	0,00%
1,5%	0,1%		-	1,70%	1,52%	1,51%	1,51%	1,51%	1,51%	1,50%	1,50%	1,50%	1,50%
	-0,1%	0,92%	-	1,50%	1,50%	1,49%	1,50%	1,50%	1,50%	1,50%	1,50%	1,50%	1,50%
Abweichung/ Alter		**90**	**95**	**100**	**105**	**110**	**115**	**120**	**125**	**130**	**135**	**140**	
0%	0,1%	0,00%	0,00%	0,01%	0,01%	0,00%	0,01%	0,00%	0,00%	0,00%	0,00%	0,00%	
	-0,1%	0,00%	0,00%	0,00%	0,00%	0,00%	0,00%	0,00%	0,00%	0,00%	0,00%	0,00%	
1,5%	0,1%	1,50%	1,50%	1,50%	1,50%	1,49%	1,50%	1,50%	1,49%	1,49%	-	-	
	-0,1%	1,50%	1,50%	1,50%	1,50%	1,49%	1,50%	1,50%	1,49%	1,49%	-	-	

Infolge der Präzisionsanforderung an das Optimierungsprogramm – die Präzisionsanforderung an die zu optimierende Größe der Annuität liegt bei 0,001 – führt die geringere Änderung von 0,1% nicht in jedem Falle zu einer Grenzverzinsung, die exakt der Forderung entspricht. Einige Werte liegen unter 1,5%, aber es ist immer gewährleistet, dass die positive Abweichung in einer vergleichsweise höheren marginalen Rendite resultiert als die negative Abweichung. Somit ist die jeweilige Entscheidung optimal (vgl. Tabelle 8).

Eine optimale Lösung impliziert somit die Einhaltung der geforderten Grenzverzinsung in jeder Periode. Eine Entnahme eines weiteren Stammes lohnt nur, wenn dieser Stamm zukünftig – bei weiterem Verbleiben im Bestand und entsprechend späterer Entnahme – die geforderte Grenzverzinsung nicht erreichen würde.

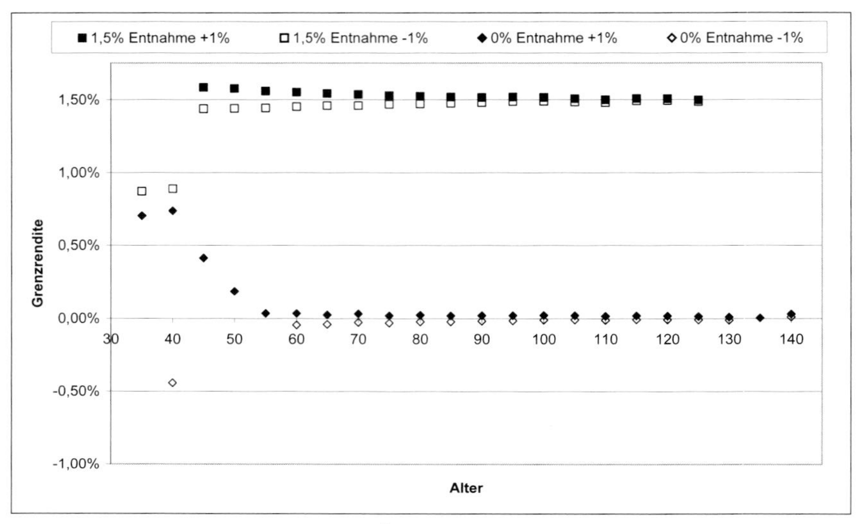

Abbildung 24: *Grenzrendite bei marginaler Änderung der Durchforstungsmenge*

Die optimale Lösung in den jeweiligen Perioden setzt also voraus, dass der Bestand nach der periodischen Ernte die – bezogen auf das Gesamtergebnis – optimale Wertleistung erbringt, d.h. der jeweilige Volumenzuwachs steht im günstigsten Verhältnis zur Veränderung des Erlöses. Alters- und dichteabhängig löst die Durchforstung in den jeweiligen Perioden die für das Gesamtergebnis optimale Erlössteigerung aus.

Mit diesem Ergebnis kann festgehalten werden, dass sich der optimale Pfad der Bestandesbehandlung eindeutig auszeichnet: in den einzelnen Perioden wird die geforderte Grenzverzinsung eingehalten. Die letzte zusätzlich eingesetzte Faktoreinheit führt bei gegebenem Zins noch zu einem positiven zukünftigen Ertrag. Die Zinsforderung bestimmt also das Maß zwischen aktuellem Einsatz und zukünftigem Ertrag. Aus mathematischer Sicht muss dabei die Änderung des relativen Volumen- und des relativen Erlöszuwachses möglichst minimal sein (vgl. LOHMANDER 1992).

3.2.3.5 Sensitivität der Lösung für eine Variation der Kulturkosten und Holzerlöse

Die Untersuchung der optimalen Umtriebszeit beinhaltet auch die Frage nach der Sensitivität der Lösung für die Veränderung wichtiger Eingangsparameter. Untersucht wird in der Regel der Einfluss der Höhe der Kulturkosten und der erntekostenfreien

Holzerlöse (vgl. Kapitel 3.1.1.3). Für die Modelllösung wird deshalb überprüft, ob sich eine analoge Sensitivität des Ergebnisses einstellt.

Eine Reduktion oder Erhöhung der *Kulturkosten* um 20% führt zu kürzeren bzw. längeren Umtriebszeiten. Wie in Tabelle 9 dargestellt, steigt die Umtriebszeit um 5 Jahre bzw. fällt um diesen Zeitraum (0%) oder steigt um 10 Jahre bzw. fällt um 5 Jahre (1,5%). Die Veränderungen von Annuität und durchschnittlichem direktkostenfreien Erlös betragen jeweils etwa +/- 2,7 € (0%) und +/- 7,-€ (1,5%) sowie 4,6 € und 3,5 € im Falle des durchschnittlichen direktkostenfreien Erlöses bei der Variante 1,5%.

Die Reduktion bzw. Erhöhung der Kulturkosten als größter Aufwandsposten im Verlauf des Umtriebs führt somit zu keiner signifikanten Veränderung des Durchforstungsregimes. Die höhere Belastung verlängert die Umtriebszeit, die Reduktion verkürzt den Umtrieb.

Tabelle 9: *Variation der Kulturkosten*

Zinsrate (%)	0			1,5		
Betrachtete Eingangsgröße	keine	Kulturkosten		keine	Kulturkosten	
Variation		+20%	-20%		+20%	-20%
Optimale Umtriebszeit	145	150	140	130	140	125
Annuität pro ha	80,9 €	78,2 €	83,7 €	10,6 €	3,7 €	17,7 €
Durchschnittlicher direktkostenfreier Erlös pro ha	80,9 €	78,2 €	83,7 €	72,9 €	68,3 €	76,4 €
Anzahl der Durchforstungen	20	22	20	19	21	18
Perioden ohne Df.	3	2	2	1	1	1
Stärke der Durchforstung (mittlere Stammzahlentnahme in %) Alter 30-120	11,8%	11,7%	11,8%	16,7%	16,6%	16,7%
Stammzahl Alter 40	648	649	648	1080	1080	1080
Stammzahl Alter 50	648	649	648	807	817	806
Stammzahl Alter 60	566	564	572	582	585	577
Stammzahl Alter 80	391	391	393	313	316	310
Stammzahl Alter 100	288	292	285	167	170	166
Stammzahl Alter 120	219	221	221	83	84	83
mittlerer Durchmesser Alter 40 (cm)	16,3	16,3	16,3	15,4	15,4	15,4
mittlerer Durchmesser Alter 50 (cm)	20,2	20,2	20,2	18,8	18,8	18,9
mittlerer Durchmesser Alter 60 (cm)	23,5	23,5	23,5	22,2	22,2	22,3
mittlerer Durchmesser Alter 80 (cm)	29,4	29,4	29,4	29,0	29,0	29,1
mittlerer Durchmesser Alter 100 (cm)	34,6	34,6	34,6	36,1	36,0	36,2
mittlerer Durchmesser Alter 120 (cm)	39,3	39,3	39,3	43,9	43,8	44,0
Bestockungsgrad Alter 40	0,53	0,53	0,53	0,79	0,79	0,79
Bestockungsgrad Alter 50	0,81	0,81	0,81	0,88	0,88	0,88
Bestockungsgrad Alter 60	0,95	0,94	0,96	0,87	0,88	0,87
Bestockungsgrad Alter 80	1,03	1,03	1,04	0,80	0,81	0,80
Bestockungsgrad Alter 100	1,07	1,09	1,07	0,68	0,69	0,68
Bestockungsgrad Alter 120	1,09	1,10	1,10	0,52	0,52	0,52

Eine Veränderung der erntekostenfreien *Holzerlöse* – untersucht wird eine zwanzigprozentige Zu- bzw. Abnahme – hat nur Auswirkungen auf die Umtriebszeit und damit auf die finanziellen Kennzahlen. Analog zu den Kulturkosten ist zunächst zu beobachten, dass die Rentabilität entsprechend sinkt oder steigt bzw. die Umtriebszeit entsprechend steigt oder fällt. Eine Reduktion der Holzerlöse führt zu einer Annuität von nur noch 61,5 € (1,- €), ein Anstieg der Holzerlöse lässt die Annuität auf 100,5 € (23,- €) steigen. Damit fällt der durchschnittliche erntekostenfreie Erlös bei 1,5% Zinsforderung auf 51,- € bzw. nimmt dieser bei einem Anstieg der Holzerlöse auf 95,- € zu. Wie schon bei der Veränderung der Höhe der Kulturkosten ergeben sich keine signifikanten Änderungen beim Durchforstungsregime (Tabelle 10).

Sowohl bei einer Verschiebung des Niveaus der Holzerlöse als auch bei Veränderung der Höhe der Kulturkosten reagiert die Modelllösung gemäß den theoretischen Überlegungen. Die Verringerung des Zahlungsstroms durch niedrigere Holzerlöse oder höhere Kulturkosten führt insgesamt zu einer geringeren Rentabilität und damit zu sinkenden Opportunitätskosten der Bodennutzung. Entsprechend verlängert sich die Umtriebszeit. Bei positiver Auswirkung auf den Zahlungsstrom steigt insgesamt die Rentabilität und folglich liegen höhere Opportunitätskosten der Bodennutzung vor, die zu einer kürzeren Umtriebszeit führen.

Diese Veränderungen beeinflussen jedoch nicht das optimale Durchforstungsregime. Wie der vorige Abschnitt gezeigt hat, wird in den jeweiligen Perioden die Grenzrendite eingehalten. Dies setzt voraus, dass jeweils die relative Veränderung des Volumenzuwachses und die durch diese ausgelöste relative Veränderung des Wertes in ihren Beträgen gleich sind. Diese Bedingung wird weder durch das Niveau der Kulturkosten noch durch das Niveau der Holzerlöse beeinflusst. Hinsichtlich der Holzerlöse ist vielmehr entscheidend, wie sich der Verlauf der erntekostenfreien Holzerlösfunktion darstellt. Diese Problematik wird im folgenden Kapitel untersucht.

Tabelle 10: *Variation der Holzerlöse*

Zinsrate (%)	0			1,5		
Betrachtete Eingangsgröße	keine	Holzerlös		keine	Holzerlös	
Variation		-20%	+20%		-20%	+20%
Optimale Umtriebszeit	145	150	140	130	145	125
Annuität pro ha	80,9 €	61,5 €	100,5 €	10,6 €	0,4 €	21,1 €
Durchschnittlicher direktkostenfreier Erlös pro ha	80,9 €	61,5 €	100,5 €	72,9 €	52,5 €	91,8 €
Anzahl der Durchforstungen	20	22	20	19	23	18
Perioden ohne Df.	3	2	2	1	0	1
Stärke der Durchforstung (mittlere Stammzahlentnahme in %) Alter 30-120	11,8%	11,7%	11,8%	16,7%	16,5%	16,7%
Stammzahl Alter 40	648	648	648	1080	1080	1080
Stammzahl Alter 50	648	648	648	807	816	802
Stammzahl Alter 60	566	569	568	582	588	576
Stammzahl Alter 80	391	396	390	313	316	311
Stammzahl Alter 100	288	284	286	167	172	167
Stammzahl Alter 120	219	221	218	83	86	83
mittlerer Durchmesser Alter 40 (cm)	16,3	16,3	16,3	15,4	15,4	15,4
mittlerer Durchmesser Alter 50 (cm)	20,2	20,2	20,2	18,8	18,8	18,9
mittlerer Durchmesser Alter 60 (cm)	23,5	23,5	23,5	22,2	22,2	22,3
mittlerer Durchmesser Alter 80 (cm)	29,4	29,4	29,5	29,0	29,0	29,1
mittlerer Durchmesser Alter 100 (cm)	34,6	34,6	34,7	36,1	36,0	36,2
mittlerer Durchmesser Alter 120 (cm)	39,3	39,3	39,4	43,9	43,7	44,0
Bestockungsgrad Alter 40	0,53	0,53	0,53	0,79	0,79	0,79
Bestockungsgrad Alter 50	0,81	0,81	0,81	0,88	0,88	0,87
Bestockungsgrad Alter 60	0,95	0,95	0,95	0,87	0,88	0,87
Bestockungsgrad Alter 80	1,03	1,04	1,03	0,80	0,81	0,80
Bestockungsgrad Alter 100	1,07	1,06	1,07	0,68	0,70	0,68
Bestockungsgrad Alter 120	1,09	1,10	1,09	0,52	0,53	0,52

3.2.4 Die Bedeutung der Erlösfunktion für die optimale Lösung

Wie im vorangegangenen Abschnitt gezeigt werden konnte, impliziert die optimale Bestandesbehandlungsstrategie in den jeweiligen Perioden die Einhaltung der geforderten Grenzverzinsung des eingesetzten Kapitals und damit einen optimalen Faktoreinsatz. Für die in den einzelnen Perioden im Bestand verbleibenden Stämme gilt, dass der erwartete Zuwachs zu einer Wertsteigerung und damit Verzinsung des eingesetzten Kapitals führt, die mindestens der geforderten Grenzverzinsung entspricht. Dies erklärt auch, dass das Niveau der Holzerlösfunktion die optimale Lösung nur hinsichtlich der Umtriebszeit, nicht jedoch hinsichtlich der periodischen Durchforstungen beeinflusst.

Die Optimierung der Umtriebszeit und des Durchforstungsregimes erfolgt auf Basis weitgehender Annahmen. Abgesehen von den Annahmen zum erwarteten Wachstum zählt dazu die unterstellte Kenntnis des funktionalen Zusammenhanges zwischen Durchmesser und erntekostenfreiem Holzerlös über die gesamte Umtriebszeit. Im Folgenden soll nun vor den bisherigen Erkenntnissen zur optimalen Lösung untersucht werden, wie sich der Verlauf der erntekostenfreien Holzerlösfunktion auf die optimale Lösung auswirkt.

Die bislang verwendete Erlösfunktion wird fortan als Erlösmodell *A* bezeichnet. Zusätzlich werden drei weitere Erlösfunktionen eingeführt: die Erlösmodelle *B*, *Fix* und *Linear* (Abbildung 25). Wie bereits erwähnt, spielt das Niveau der erntekostenfreien Holzerlöse im Hinblick auf die Optimierung der Durchforstung keine Rolle (unter Beachtung gewisser Voraussetzungen, vgl. Kapitel 3.2.3.5); entsprechend wurden hier Niveaus gewählt, die im Rahmen der gewählten Aufwandspositionen und der bisher verwendeten Zinsforderung positive Annuitäten zulassen.

- Erlösmodell *B* beruht auf einer Exponentialfunktion und kann durch folgenden Ausdruck dargestellt werden:

  $$ekfr.\,Erl\ddot{o}s\,(€/m^3) = 27{,}7[1 - 1{,}95EXP(-10D_t(m))]. \qquad (32)$$

  Im Unterschied zu A liegt nun ein stärkerer Anstieg des Holzerlöses im Bereich geringerer Durchmesser vor. Der Erlöszuwachs nimmt dafür schneller ab, so dass ab einem mittleren Durchmesser von etwa 38 cm die Werte von B diejenigen von A unterschreiten (vgl. Abbildung 25).

- Erlösmodell *Fix* weist keinen durchmesserabhängigen Gradienten auf. Der erntekostenfreie Holzerlös liegt immer bei 17,50 € pro m^3.

- Erlösmodell *Linear* ist eine Gerade, welche das Wertepaar 7,90 € bei einem mittleren Durchmesser von 10 cm und 27,40 € bei einem mittleren Durchmesser von 50 cm verbindet. Die Steigung der Geraden beträgt 0,4875, d.h. eine Zunahme des BHD (im Modell anstelle des Mittendurchmessers verwendet) um einen Zentimeter führt zu einer Wertsteigerung von 0,4875 €/ m^3.

Abbildung 26 zeigt, wie sich je nach Typ des Erlösmodells die marginale Änderung des Durchmessers auf den erntekostenfreien Holzerlös auswirkt.

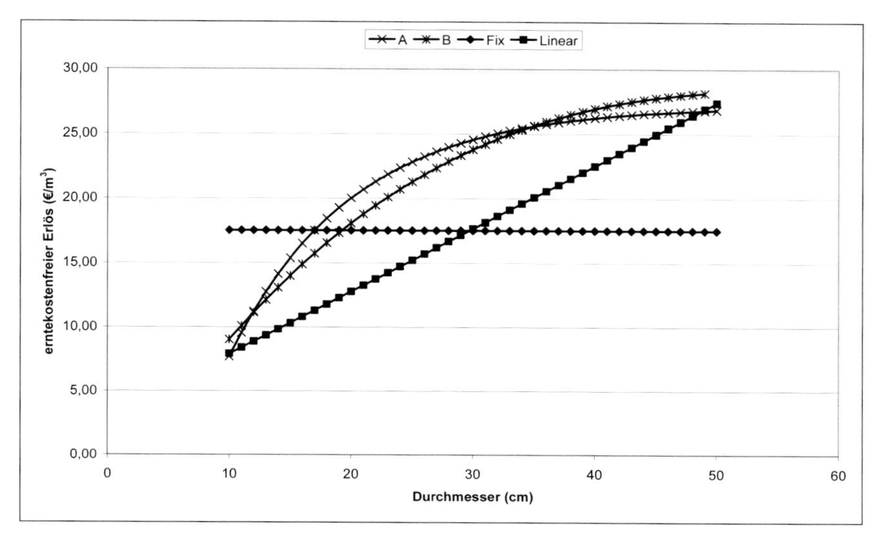

Abbildung 25: *Erlösmodelle (erntekostenfrei)*

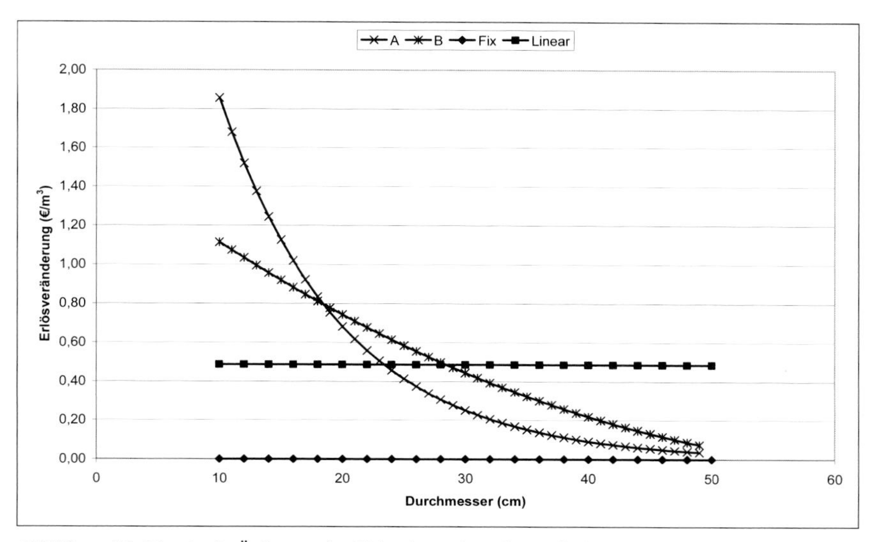

Abbildung 26: *Marginale Änderung des Holzerlöses (erntekostenfrei)*

Bei im Übrigen konstanten Modellparametern ergibt sich folgendes Bild: Erlösmodell B (Tabelle 11) weist Annuität wie durchschnittlichen direktkostenfreien Erlös über dem Niveau aller bisherigen Ergebnisse auf. Zusätzlich ist die Umtriebszeit am kürzesten. Beim Erlösmodell Fix liegen Annuität und durchschnittlicher direktkostenfreier Erlös auf niedrigerem Niveau als bei A und B. Im Falle der Annuität liegt diese sogar unter der des linearen Erlösmodells (Tabelle 12). In der ersten Periode wird überhaupt nicht eingegriffen. Im Anschluss nimmt die Eingriffsintensität mit steigender Zinsforderung zu: mit steigender Zinsrate ergeben sich vergleichsweise geringere Stammzahlen, höhere Durchmesser und damit niedrigere Bestockungsgrade. Im Gegensatz zu allen anderen Erlösmodellen steigt die Umtriebszeit mit höherem Zinssatz. Liegt ein lineares Erlösmodell vor, ergibt sich beim durchschnittlichen direktkostenfreien Erlös ein höheres Niveau als im Falle von Erlösmodell Fix, bei der Annuität gilt dies nur für die Lösungen bei 0% und 0,5%. Auffallend ist, dass jeweils die maximale Umtriebszeit vorteilhaft ist.

Tabelle 11: *Übersicht Modelllösung Erlös B*

Zinsrate (%)	**0**	**0,5**	**1**	**1,5**	**1,75**	**2**
Optimale Umtriebszeit	130	125	125	125	125	160
Annuität pro ha	84,0 €	58,0 €	34,9 €	14,2 €	4,7 €	-4,3 €
Durchschnittlicher direktkostenfreier Erlös pro ha	84,0 €	83,2 €	80,7 €	76,3 €	73,0 €	54,9 €
Anzahl der Durchforstungen	21	19	19	19	19	26
Perioden ohne Df.	1	0	0	0	0	0
Stärke der Durchforstung (mittlere Stammzahlentnahme in %) Alter 30-120	11,4%	12,8%	14,4%	16,7%	18,4%	21,9%
Stammzahl Alter 40	1080	1080	1376	1419	1421	1414
Stammzahl Alter 50	921	933	988	987	966	940
Stammzahl Alter 60	720	705	723	694	667	632
Stammzahl Alter 80	478	438	410	355	320	283
Stammzahl Alter 100	343	287	242	180	149	118
Stammzahl Alter 120	258	193	144	88	59	24
mittlerer Durchmesser Alter 40 (cm)	15,4	15,4	14,6	14,3	14,3	14,3
mittlerer Durchmesser Alter 50 (cm)	18,6	18,5	17,7	17,5	17,5	17,5
mittlerer Durchmesser Alter 60 (cm)	21,6	21,5	20,8	20,6	20,7	20,9
mittlerer Durchmesser Alter 80 (cm)	27,0	27,3	26,8	27,1	27,5	28,0
mittlerer Durchmesser Alter 100 (cm)	31,9	32,8	32,9	34,1	35,0	36,1
mittlerer Durchmesser Alter 120 (cm)	36,4	38,1	39,2	41,7	43,7	47,6
Bestockungsgrad Alter 40	0,79	0,79	0,91	0,90	0,90	0,89
Bestockungsgrad Alter 50	0,97	0,98	0,95	0,92	0,90	0,88
Bestockungsgrad Alter 60	1,02	0,99	0,95	0,90	0,87	0,84
Bestockungsgrad Alter 80	1,06	0,99	0,90	0,79	0,74	0,68
Bestockungsgrad Alter 100	1,09	0,96	0,82	0,65	0,57	0,48
Bestockungsgrad Alter 120	1,10	0,90	0,71	0,49	0,36	0,18

Tabelle 12: *Übersicht Modelllösung Erlös Fix*

Zinsrate (%)	***0***	***0,5***	***1***	***1,5***	***1,75***
Optimale Umtriebszeit	115	115	115	125	140
Annuität pro ha	60,1 €	41,5 €	24,1 €	7,6 €	-0,2 €
Durchschnittlicher direktkostenfreier Erlös pro ha	60,1 €	59,7 €	58,2 €	54,1 €	47,8 €
Anzahl der Durchforstungen	16	16	16	18	21
Perioden ohne Df.	1	1	1	1	1
Stärke der Durchforstung (mittlere Stammzahlentnahme in %) Alter 30-120	9,5%	10,9%	12,6%	16,5%	18,3%
Stammzahl Alter 40	2213	2187	2097	1982	1912
Stammzahl Alter 50	1557	1480	1364	1233	1161
Stammzahl Alter 60	1168	1073	955	828	761
Stammzahl Alter 80	735	626	509	398	345
Stammzahl Alter 100	508	397	292	198	154
Stammzahl Alter 120	-	-	-	95	62
mittlerer Durchmesser Alter 40 (cm)	12,3	12,3	12,4	12,6	12,6
mittlerer Durchmesser Alter 50 (cm)	14,9	15,0	15,2	15,5	15,7
mittlerer Durchmesser Alter 60 (cm)	17,3	17,6	18,0	18,5	18,8
mittlerer Durchmesser Alter 80 (cm)	22,0	22,7	23,6	24,8	25,5
mittlerer Durchmesser Alter 100 (cm)	26,2	27,6	29,4	31,6	32,9
mittlerer Durchmesser Alter 120 (cm)	-	-	-	39,0	41,4
Bestockungsgrad Alter 40	1,04	1,03	1,00	0,97	0,94
Bestockungsgrad Alter 50	1,05	1,01	0,96	0,90	0,87
Bestockungsgrad Alter 60	1,07	1,01	0,94	0,86	0,82
Bestockungsgrad Alter 80	1,08	0,98	0,87	0,75	0,68
Bestockungsgrad Alter 100	1,09	0,94	0,79	0,61	0,52
Bestockungsgrad Alter 120	-	-	-	0,46	0,34

Tabelle 13: *Übersicht Modelllösung Erlös Linear*

Zinsrate (%)	***0***	***0,5***	***1***	***1,5***	***1,75***
Optimale Umtriebszeit	160	160	160	160	160
Annuität pro ha	72,1 €	44,8 €	22,0 €	2,6 €	-6,3 €
Durchschnittlicher direktkostenfreier Erlös pro ha	72,1 €	71,2 €	67,2 €	60,7 €	55,9 €
Anzahl der Durchforstungen	26	26	25	25	25
Perioden ohne Df.	0	0	1	1	1
Stärke der Durchforstung (mittlere Stammzahlentnahme in %) Alter 30-120	13,3%	14,0%	14,9%	16,4%	17,4%
Stammzahl Alter 40	648	648	648	648	648
Stammzahl Alter 50	376	389	548	622	621
Stammzahl Alter 60	313	378	415	435	420
Stammzahl Alter 80	236	243	242	242	225
Stammzahl Alter 100	176	168	169	136	121
Stammzahl Alter 120	146	127	111	83	66
mittlerer Durchmesser Alter 40 (cm)	16,3	16,3	16,3	16,3	16,3
mittlerer Durchmesser Alter 50 (cm)	21,4	21,4	20,5	20,2	20,2
mittlerer Durchmesser Alter 60 (cm)	25,9	25,5	24,5	24,1	24,2
mittlerer Durchmesser Alter 80 (cm)	33,6	33,1	32,0	31,7	32,0
mittlerer Durchmesser Alter 100 (cm)	40,4	39,9	38,9	39,4	40,0
mittlerer Durchmesser Alter 120 (cm)	46,1	46,2	45,9	47,1	48,4
Bestockungsgrad Alter 40	0,53	0,53	0,53	0,53	0,53
Bestockungsgrad Alter 50	0,53	0,54	0,71	0,78	0,78
Bestockungsgrad Alter 60	0,64	0,74	0,75	0,77	0,74
Bestockungsgrad Alter 80	0,81	0,81	0,75	0,74	0,70
Bestockungsgrad Alter 100	0,89	0,83	0,80	0,66	0,61
Bestockungsgrad Alter 120	1,00	0,87	0,75	0,59	0,50

3.2.4.1 Vergleich der Lösungen für 0% und 1,5% Zinsforderung

Die qualitativen Unterschiede zwischen den optimalen Lösungen für die vier Erlösmodelle werden im Folgenden anhand eines Vergleichs der Lösungen für 0% und 1,5% Zinsforderung diskutiert.

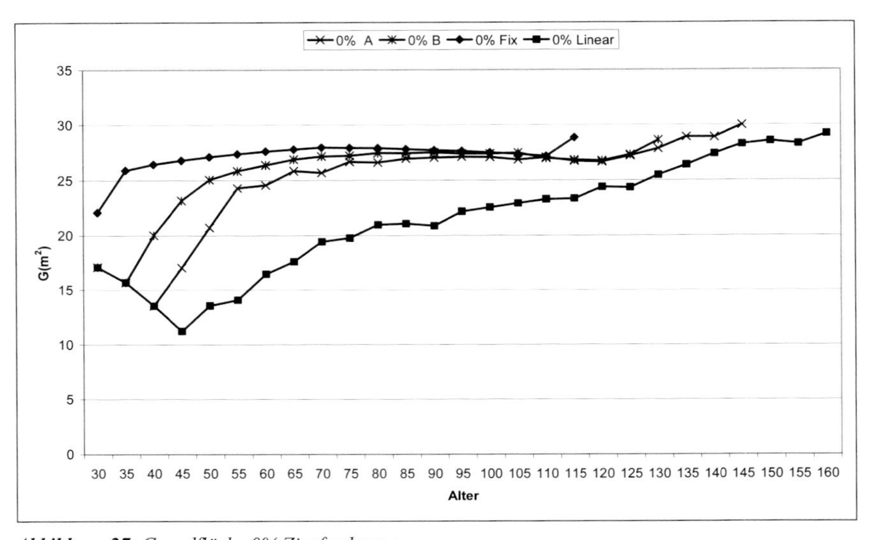

Abbildung 27: *Grundfläche 0% Zinsforderung*

Wie in Abbildung 27 deutlich wird, gehen bei einer Zinsforderung von 0% anfangs die Grundflächen von A, B und Linear stark zurück, wobei Linear den stärksten Rückgang aufweist. Die Grundflächen von A und B steigen nach den Eingriffen schnell wieder an und erreichen bis etwa zum Alter 80 der Variante Fix ähnliche Werte. Nur die Grundfläche des linearen Modells schließt vergleichsweise langsam auf. A erreicht damit – trotz der deutlichen Absenkung der Grundfläche zu Beginn – in der zweiten Hälfte des Umtriebs eine ebenso hohe Grundfläche wie B und Fix. Bei linearem Erlös, wo eine weitere Absenkung zu Beginn stattfindet, ist dies nicht der Fall.

Bei der Zinsforderung von 1,5% (Abbildung 28) sinkt die Grundfläche der fixen Variante nach den ersten beiden Perioden kontinuierlich, so dass sie bereits nach dem Alter 50 bzw. 55 die Grundflächen von B und A unterschreitet. Auch hier liegt die Grundfläche des linearen Erlösmodells nach drei Eingriffen größtmöglicher Intensität zu Beginn unter denjenigen der anderen Varianten. Da bei den Varianten A und B die

Grundfläche nach dem Alter 50 bzw. 55 zurückgeht, überschreitet die Grundfläche der linearen Variante ab dem Alter 80 zunehmend die der übrigen und weist im Alter 125 den höchsten Wert auf – wenn auch selbst leicht nach dem Alter 70 fallend. Die Grundfläche von B liegt bis zum Alter 75 über derjenigen von A und fällt erst anschließend unter diese.

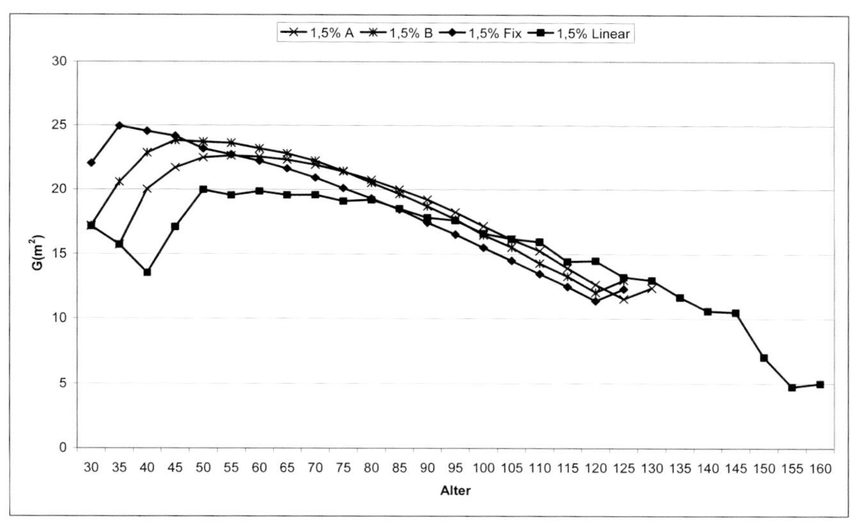

Abbildung 28: *Grundfläche 1,5% Zinsforderung*

Die Unterscheide bei der Grundflächenentwicklung spiegeln sich auch im Volumen- und Wertzuwachs sowie in den Abtriebswerten wider. Infolge der vergleichsweise stärksten Durchforstungen unterschreitet der Massenzuwachs des linearen Modells bis zum Alter 80 (0%) bzw. 95 (1,5%) (vgl. Abbildung 29, Abbildung 30) diejenigen der anderen Varianten bzw. schließlich noch denjenigen der Variante A. Der Wertzuwachs kulminiert erst bei Fix (nach 40 Jahren), dann bei A (55 Jahre), anschließend bei B (60 Jahre (0%) und 65 Jahre (1,5%)) und erst später bei Linear (105 Jahre (0%) und 75 Jahre (1,5%)), wie in Abbildung 31 und Abbildung 32 deutlich wird. Auffallend ist, dass der Wertzuwachs beim linearen Erlös langsam ansteigt und für einen langen Zeitraum auf nahezu gleich bleibendem Niveau verläuft.

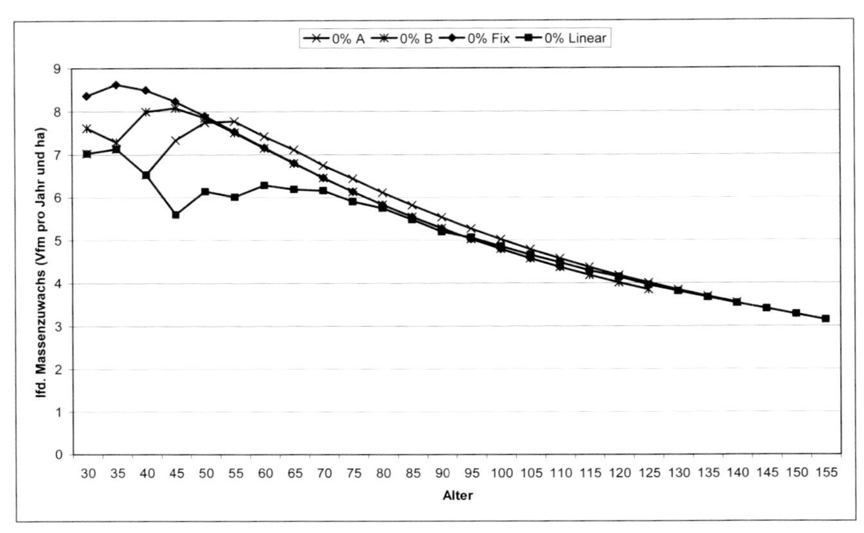

Abbildung 29: *lfd. Massenzuwachs 0% Zinsforderung*

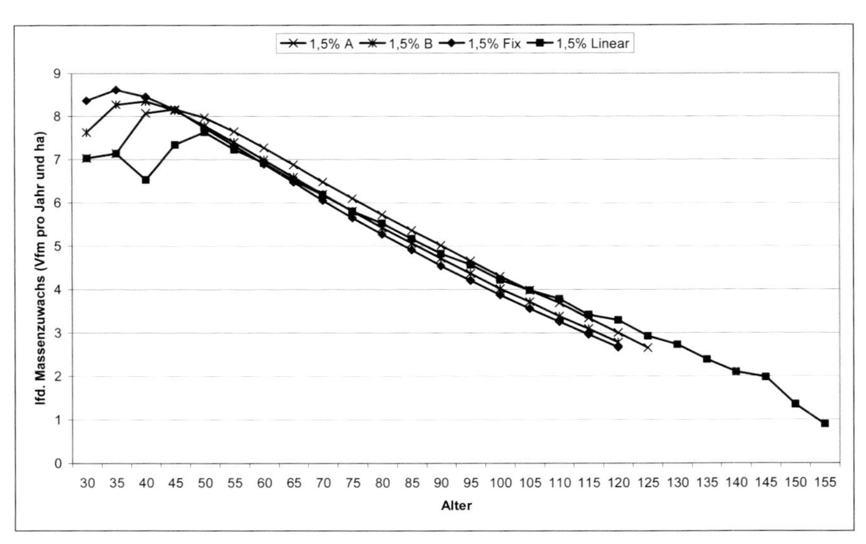

Abbildung 30: *lfd. Massenzuwachs 1,5% Zinsforderung*

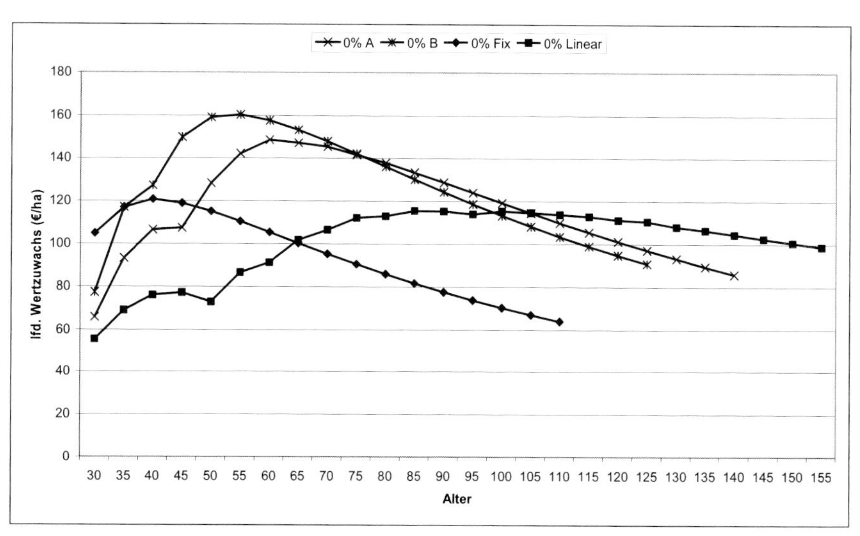

Abbildung 31: *lfd. Wertzuwachs 0% Zinsforderung*

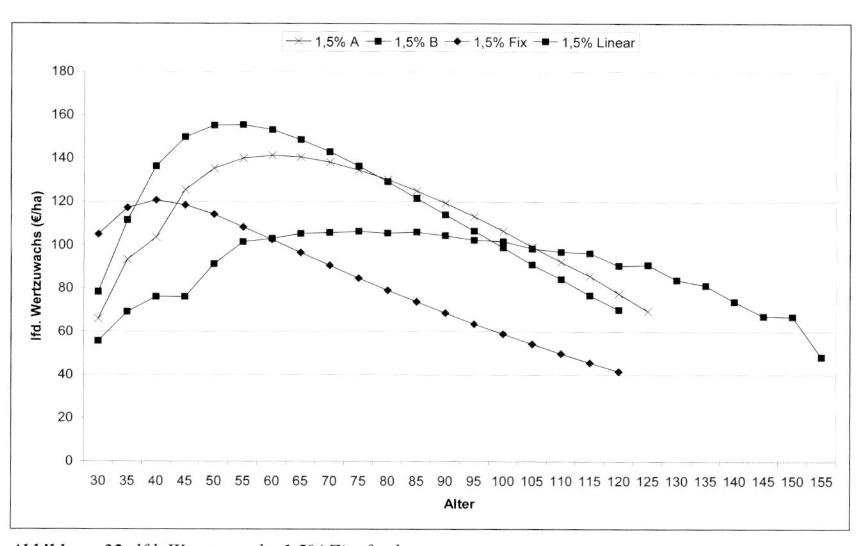

Abbildung 32: *lfd. Wertzuwachs 1,5% Zinsforderung*

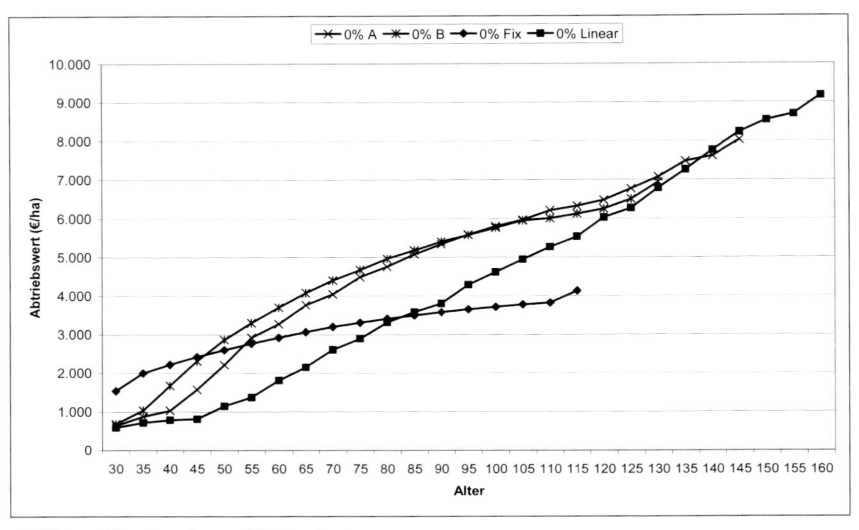

Abbildung 33: *Abtriebswert 0% Zinsforderung*

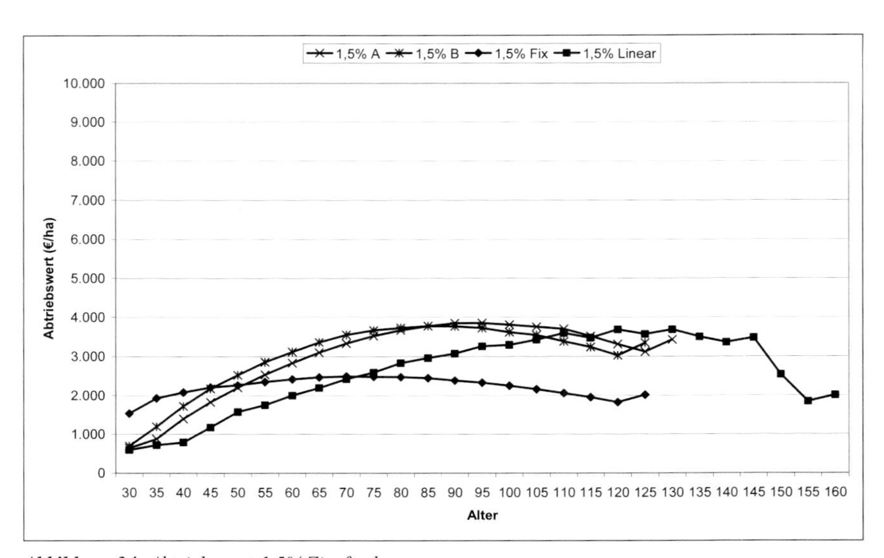

Abbildung 34: *Abtriebswert 1,5% Zinsforderung*

Die Entwicklung des Abtriebswertes unterscheidet sich insbesondere, wenn ein fixer Erlös vorliegt. Während bei 0% Zinsforderung alle Abtriebswerte bis zum Ende ansteigen und schließlich A, B und Linear ähnliche Werte aufweisen, erreicht das fixe Erlösmodell einen wesentlich niedrigeren Abtriebswert (Abbildung 33). Dies gilt auch für die Zinsforderung 1,5%: das Startniveau von etwa 1600,- € im Alter 30 wird zum Ende des Umtriebs nur um knapp 300,- € überschritten (Abbildung 34). Bei den anderen Erlösmodellen ergeben sich ansteigende Abtriebswerte, die für A und B im Alter 80 bis 90 Jahre kulminieren. A und B liegen vergleichsweise nah beieinander, während Linear bis über das Alter 100 hinaus signifikant unter A und B liegt. Der Unterschied beträgt zeitweise bis zu 1000,- €. B kulminiert früher als A, und schließlich hat das lineare Modell seinen höchsten Abtriebswert im Alter 120 erreicht, der aber leicht unter den Werten von A und B liegt.

Sieht man von den leichten Niveauunterschieden zwischen den verwendeten Funktionen ab, stellt sich die Frage, wie sich die beobachteten qualitativen Unterschiede erklären lassen.

Linearer Erlös: Trotz vergleichsweise deutlicher Volumenzuwachsverluste infolge starker Durchforstungen in der ersten Hälfte des Umtriebs ergibt sich langfristig die höchste Wertleistung. Der erst langsam ansteigende und anschließend lang anhaltend flache Verlauf des Wertzuwachses verdeutlicht, dass die altersbedingte Abnahme des Volumenzuwachses (s. Abbildung 29) durch den kontinuierlichen Wertanstieg pro Zentimeter Durchmesserzunahme kompensiert wird. Bis über das Alter 100 hinaus wird so ein steigender Wertzuwachs realisiert. Kurz: starkes Holz ist am wertvollsten.

Bei Steigerung der Zinsforderung wird in der ersten Hälfte des Umtriebs nach einer kräftigen Absenkung der Stammzahl weniger stark durchforstet. Erst nach Erreichen der halben Umtriebszeit unterschreitet die Stammzahl diejenige der 0%-Variante. Wie beim fixen Erlösmodell kommt zum Tragen, dass Durchforstungen zwar positiv zum Zahlungsstrom beitragen, ihre Auswirkungen auf die zukünftige Wertleistung aber vom Zeitpunkt des Eingriffs abhängen. Nach den anfänglichen Freistellungen wird deshalb erst wieder vergleichsweise spät stärker durchforstet – infolge des linearen

Zusammenhangs ergibt sich ein wesentlich höherer absoluter Wertzuwachs als bei A und B, wo keine konstante marginale Änderung des Erlöses vorliegt.

Erlösmodelle A und B: Der Vergleich der Lösungen für die Erlösmodelle A und B ergänzt die Analyse für das lineare Erlösmodell. Im Gegensatz zum linearen Modell liegen nun konkave Erlösfunktionen vor. Mit zunehmendem Durchmesser geht die Erlössteigerung daher in etwa linear (A) bzw. überproportional (B) zurück (Abbildung 26). Wie am Vergleich des lfd. Wertzuwachses deutlich wird (Abbildung 31), ergibt sich mit höherem Alter ein zunehmend geringerer Wertzuwachs, weil der Volumenzuwachs ebenfalls einem degressiven Zusammenhang unterliegt. Mit früher kulminierendem absolutem Wertzuwachs gewährleisten deshalb vergleichsweise schwächere Durchforstungen bzw. höhere Stammzahlen im älteren Bestand den größtmöglichen Wertzuwachs.

Bei Erlösmodell *B* ergibt sich mit Erreichen eines mittleren Durchmessers von 40 cm kein signifikanter Erlöszuwachs mehr. Wie beim fixen Modell überhaupt bestimmt nun allein die Volumenleistung den laufenden Wertzuwachs. Zu Beginn und bis zum Erreichen des stagnierenden Erlöses wird deshalb weniger stark eingegriffen als im Falle A. Da hier auch im höheren Alter noch eine Durchmesserzunahme zu einem Erlöszuwachs führen kann, zahlt es sich aus, in der Jugend stärker einzugreifen.

Fixer Erlös: Bei einer Zinsforderung von 0% wird im Vergleich zu allen anderen Modellen am schwächsten durchforstet, weil der Erlös nicht vom Durchmesser abhängt. Es gilt allein die Massenleistung zu maximieren: die regelmäßigen Durchforstungen gewährleisten in den einzelnen Perioden die zuwachsmaximale Bestandesdichte und damit die höchstmögliche naturale Produktivität.

Bei positivem Zins wird von Beginn an kräftiger durchforstet. Es werden diejenigen Bestockungsanteile entnommen, die nicht die geforderte Grenzrendite erzielen. Im Vergleich zur 0% Variante steigt die Umtriebszeit nun aber an, was nicht den bisherigen Beobachtungen entspricht. Da die Opportunitätskosten der Bodennutzung mit zunehmendem Zins sinken und der Grenzertrag durch starke Durchforstungen auf dem notwendigen Niveau gehalten werden kann, ergibt sich bei niedrigerer Stammzahl ein längerer Umtrieb. Im Fall der 0% Zinsforderung bestimmt hingegen das Unterschreiten des Durchschnittszuwachses durch den laufenden Zuwachs den optimalen Zeitpunkt für den Abtrieb – analog der Optimalitätsbedingung aus Kapitel 3.1.1.3. Dieser Zeitpunkt wird bei fixem Erlös früher erreicht als der Zeitpunkt, von dem an die Annuität den Grenzertrag unterschreitet.

Zusammenfassend lässt sich festhalten: je nach unterstellter Erlösfunktion ergeben sich deutliche qualitative Unterschiede zwischen den optimalen Bestandesbehandlungs-Varianten.

Bei Erlösmodellen mit positivem Erlösgradienten korrespondiert die Intensität der Durchforstung in der Jugend mit dem möglichen Wertzuwachs im Alter. Einbußen beim Volumenzuwachs in der ersten Hälfte des Umtriebs können durch einen höheren Wertzuwachs im Alter kompensiert werden, weil der zukünftige Volumenzuwachs an höher dimensionierten Bäumen angelegt werden kann. Deshalb gilt: je niedriger der Erlösgradient bei höheren Durchmessern, desto vergleichsweise schwächer erfolgt die Durchforstung in der Jugendphase mit zunehmendem Wertzuwachs bzw. umgekehrt. Wie stark die Eingriffe vor Kulmination des Wertzuwachses sind, hängt von der Höhe der Zinsforderung ab. In der Phase noch steigenden Wertzuwachses wird umso stärker eingegriffen, je niedriger die Zinsforderung ist. Umgekehrt finden nach Überschreiten des Zeitpunktes des höchsten Wertzuwachses stärkere Eingriffe statt, wenn eine höhere Zinsforderung vorliegt.

Bei einem Erlösgradienten von Null, also einem fixen Erlös, wird allein die Volumenleistung optimiert. Das Kalkül berücksichtigt, ob die Bestandesdichte einen periodisch maximalen Volumenzuwachs gewährleistet. Die Einbeziehung einer Zinsforderung führt zu einer mit dem Alter zunehmend stärkeren Stammzahlabsenkung, die reflektiert, dass bei zurückgehendem Volumenzuwachs nur ein Teil der Stämme die erforderliche Grenzrendite erreicht. Keine Rolle spielt, dass durch stärkere Eingriffe zu Beginn die zukünftige Wertleistung verbessert werden kann – bei einem nicht vom Durchmesser abhängigen Erlös ist dies nicht zu erwarten.

3.2.5 Die Bedeutung des zeitlichen Horizonts der Optimierung

Die bisherigen Ergebnisse verdeutlichen die Bedeutung des Erlösmodells und der Zinsforderung für die Optimierung der Bestandesbehandlung und der Umtriebszeit – die Bestimmung des optimalen Pfades der Bestandesbehandlung beruht auf der Kenntnis des naturalen Wachstums und der erntekostenfreien Erlösfunktion über den gesamten Umtrieb. Simuliert man auf Basis des verwendeten Wuchsmodells den laufenden Wertzuwachs in Abhängigkeit vom Bestockungsgrad für unterschiedliche Durchforstungsregimes, ergeben sich die in Abbildung 35 dargestellten Punktwolken: erst mit zunehmendem Alter wird eine gleichmäßige Verteilung deutlich, während vor Kulmination des Wertzuwachses (ca. Alter 60) die Wertepaare stark streuen. Erneut wird deutlich, dass eine periodische Optimierung des Wertzuwachses die Pfadabhängigkeit der optimalen Lösung verkennen würde. So liegt bspw. der höchste periodische Wertzuwachs im Alter 50 und 60 über demjenigen der Modelllösungen, die bei diesem Alter nur einen Bestockungsgrad von maximal 0,88 aufweisen.

Insofern stellt sich die Frage, wie bedeutend der Zeithorizont für die Optimierung ist. Führt ein 'beschränkter Blick' in die Zukunft zu deutlichen Abweichungen von der Optimallösung für die gesamte Umtriebszeit?

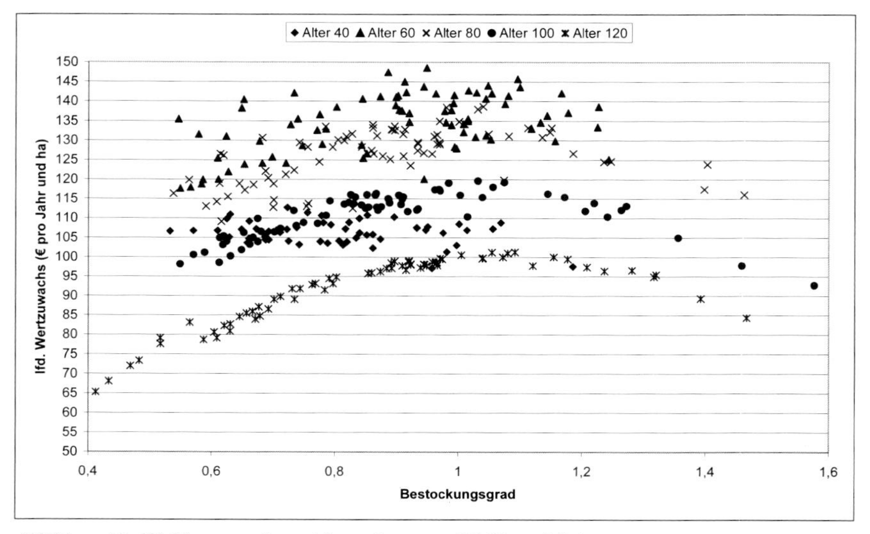

Abbildung 35: *lfd. Wertzuwachs und Bestockungsgrad Erlösmodell A*

Tabelle 14 dokumentiert Abweichungen von der Optimallösung, welche sich ergeben, wenn die Optimierung etappenweise erfolgt. Im Gegensatz zum bisherigen Vorgehen werden nun nicht mehr Umtriebszeit und Durchforstungsregime simultan mit offenem Zeithorizont optimiert (Modellvorgabe max. 160 Jahre), sondern es wird eine Optimierung durch stufenweise Fortschreibung über unterschiedlich lange Zeiträume vorgenommen. Als Zeiträume werden 30, 60 und 90 Jahre untersucht. So setzt bei einem Zeitraum von 30 Jahren beispielsweise die Optimierung für das Bestandesalter 60 bis 90 auf der Optimierung der Bestandesbehandlung bis einschließlich des Alters 55 auf. Dieses schrittweise Vorgehen wird fortgesetzt bis das Alter 160 erreicht ist. Die optimale Umtriebszeit wird mit Hilfe des bekannten Grenzkalküls bestimmt.

Zunächst fällt auf, dass die Umtriebszeiten gleich bleiben. Mit kürzerem Optimierungshorizont ergeben sich bei 0% Zinsforderung nur äußerst geringe Abweichungen von bis zu 0,65 € von der optimalen Annuität bei zeitlich unbegrenzter Optimierung. Bei einer Zinsforderung von 1,5% weicht die Annuität ebenfalls nur um etwa 0,6 € ab. Hier liegen jedoch die durchschnittlichen direktkostenfreien Erlöse um bis zu 6,5 € unter der optimalen Lösung.

Die Lösungen bei einer Zinsforderung von 0% weisen umso stärkere Eingriffe in den ersten drei Perioden auf, je länger der betrachtete Zeithorizont ist. Dabei ist bei einem Zeithorizont von 60 Jahren ein der ursprünglichen Lösung ähnliches und bei einem Zeithorizont von 90 ein sehr ähnliches Ergebnis zu beobachten. Bei kürzerem Zeithorizont wird zu Beginn schwächer eingegriffen, so dass eine etwas höhere Bestockung und niedrigere mittlere Durchmesser vorliegen.

Bei einer Zinsforderung von 1,5% ist die Stammzahl zu Beginn infolge zweier Eingriffe mit jeweils 40% Entnahme für alle Varianten gleich hoch. Anschließend ergeben sich jeweils Stammzahlen bzw. Bestockungsgrad, die etwas unter der optimalen Variante liegen. Ab dem Alter 100 sind die Varianten 30 und 60 gleich auf, während die Variante 90 nun eine deutliche Absenkung der Stammzahl aufweist. Der Optimierungshorizont von 90 Jahren bedingt hier starke Eingriffe, weil mit der ersten Optimierung gleich der Bereich deutlich zurückgehenden Wertzuwachses erreicht wird. Durch vergleichsweise höhere Opportunitätskosten – die optimale Umtriebszeit ist 10 Jahre kürzer als bei unbegrenztem Zeithorizont – muss die Bestandesdichte stärker abgesenkt werden, um den erforderlichen Grenzertrag zu erzielen.

Tabelle 14: *Eigenschaften Modelllösung Veränderung Zeithorizont*

Zinsrate (%)	0				1,5			
Zeithorizont Optimierung (Jahre)	variabel	30	60	90	variabel	30	60	90
Optimale Umtriebszeit	145	145	145	145	130	130	130	130
Annuität pro ha	80,92 €	80,27 €	80,90 €	80,92 €	10,63 €	10,59 €	10,59 €	10,06 €
Durchschnittlicher direktkostenfreier Erlös pro ha	80,92 €	80,27 €	80,90 €	80,92 €	72,90 €	72,21 €	72,55 €	66,42 €
Anzahl der Durchforstungen	20	22	21	21	20	19	20	19
Perioden ohne Df.	3	1	2	2	1	1	0	1
Stärke der Durchforstung (mittlere Stammzahlentnahme in %) Alter 30-120	11,8%	11,6%	11,7%	11,8%	16,7%	16,8%	16,7%	18,0%
Stammzahl Alter 40	648	1080	668	648	1080	1080	1079	1080
Stammzahl Alter 50	648	922	668	648	807	780	773	775
Stammzahl Alter 60	566	659	587	573	582	552	551	550
Stammzahl Alter 80	391	457	405	393	313	290	291	292
Stammzahl Alter 100	288	325	286	287	167	160	164	80
Stammzahl Alter 120	219	247	223	219	83	81	82	57
mittlerer Durchmesser Alter 40 (cm)	16,3	15,4	16,2	16,3	15,4	15,4	15,4	15,4
mittlerer Durchmesser Alter 50 (cm)	20,2	18,7	20,1	20,2	18,8	19,0	19,0	19,0
mittlerer Durchmesser Alter 60 (cm)	23,5	21,7	23,3	23,5	22,2	22,5	22,5	22,5
mittlerer Durchmesser Alter 80 (cm)	29,4	27,4	29,2	29,4	29,0	29,5	29,5	29,5
mittlerer Durchmesser Alter 100 (cm)	34,6	32,4	34,3	34,7	36,1	36,8	36,7	38,7
mittlerer Durchmesser Alter 120 (cm)	39,3	37,0	39,0	39,4	43,9	44,6	44,5	47,1
Bestockungsgrad Alter 40	0,53	0,79	0,54	0,53	0,79	0,79	0,79	0,79
Bestockungsgrad Alter 50	0,81	0,98	0,82	0,81	0,88	0,86	0,85	0,85
Bestockungsgrad Alter 60	0,95	0,94	0,97	0,96	0,87	0,84	0,85	0,84
Bestockungsgrad Alter 80	1,03	1,04	1,05	1,04	0,80	0,77	0,77	0,77
Bestockungsgrad Alter 100	1,07	1,06	1,05	1,07	0,68	0,67	0,69	0,38
Bestockungsgrad Alter 120	1,09	1,09	1,09	1,10	0,52	0,52	0,52	0,41

Die Untersuchung des Einflusses unterschiedlicher Zeithorizonte erklärt erneut das Zusammenwirken von Erlösfunktion und Wuchsmodell. Liegt keine Zinsforderung vor, wird die Gesamtwertleistung maximiert. Je kürzer der Zeithorizont, desto weniger bedeutend sind deshalb starke Stammzahlabsenkungen. Der mögliche Effekt starker Durchforstungen spielt eben erst eine Rolle, wenn die möglichen Durchmesser auch erreicht werden können. Dieser Effekt korrespondiert mit der Darstellung des dichteabhängigen Wertzuwachses in Abbildung 35. Insbesondere bis zum Alter 60 besteht die Möglichkeit, bei höherer Bestockung auch einen höheren lfd. Wertzuwachs zu erzielen.

Bei Optimierung unter Einbeziehung einer Zinsforderung nimmt mit begrenztem Zeithorizont die Eingriffsstärke etwas zu, weil höhere Opportunitätskosten vorliegen. Die Möglichkeit, später einen Zahlungsstrom zu generieren, der höher ist und auch im Investitionskalkül wertvoller erscheint, wird bei begrenzter Sicht nicht deutlich. So liegen bei kürzerem Optimierungshorizont optimale Stammzahl und Bestockungsgrad im Zeitfenster 50 bis 80 Jahre etwas niedriger als bei variablem Zeithorizont.

Auch wenn die Abweichungen von Annuität und Zahlungsstrom im Vergleich zur Gesamtlösung sehr gering sind, werden doch erneut die qualitativen Unterschiede zwischen den einzelnen Varianten deutlich. Eine Optimierung bei 0% Zinsforderung impliziert einen weiteren 'Vorausblick' als bei einer Zinsforderung von 1,5%. Hier liegen die Lösungen sehr nah beieinander, während bei der 0% Lösung erst ein 60-jähriger Optimierungshorizont zu einer der 'unbegrenzten' Variante ähnlichen Lösung führt. Bei der ökonomischen Bewertung von waldbaulichen Strategien ist dieser Aspekt äußerst bedeutend.

3.2.5.1 Zusatzkosten des Eingriffs

Die bislang vorgestellten Ergebnisse basieren auf der Verwendung von Erlösfunktionen, die den durchmesserabhängigen erntekostenfreien Holzerlös auf Basis von Erntemengen im Bereich von etwa 50 Vfm modellieren. Neben einem Skaleneffekt bei den Erntekosten wird deshalb ebenso wenig beachtet, dass mit jedem Eingriff weitere Kosten anfallen: Vor- und Nachbereitung eines Hiebs stellen einen nicht unerheblichen Aufwand bei einer Erntemaßnahme dar. Die Annahme mehr oder weniger kontinuierlicher Eingriffe erscheint allein aufgrund dieser Tatsache nicht realistisch (vgl. HYYTIÄNEN UND TAHVONEN, 2002). Im Folgenden soll deshalb der Effekt einer von der Erntemenge abhängigen zusätzlichen Kostenbelastung untersucht werden.

Um die Programmierung in Excel zu erleichtern, wird dieser zusätzliche Kostenanteil in Abhängigkeit von der entnommenen Stammzahl in Prozent (x_i) kontinuierlich mit Hilfe einer Exponentialfunktion modelliert. Es wird angenommen, dass sich in Abhängigkeit von der Erntemenge maximal Kosten von 100,- € pro Eingriff ergeben können. Formuliert man diesen Zusammenhang mit Hilfe der folgenden logistischen Funktion, so nähern sich diese zusätzlichen Kosten mit zunehmender Stammzahlentnahme schnell diesem Maximalbetrag[15].

$$Zusatzkosten\,(€/\,m^3) = (-100\,(1 - 1\,EXP\,(-10x_i)) \qquad (33)$$

Das Ergebnis dieser Optimierung weicht deutlich von den bisherigen Lösungen ab. Es wird nur mehr in 6 (0%) bzw. 7 (1,5%) Perioden eingegriffen, wobei die Eingriffe i. d.

[15] Bei einer Stammzahlentnahme von 5% (20%) ergeben sich Kosten von 39,- (86,-) €.

R. mit höchster Stärke (s. Tabelle 15) erfolgen. Die von der Höhe der Zinsforderung abhängigen qualitativen Unterschiede in der ersten und zweiten Hälfte des Umtriebs zeigen sich hier allerdings ebenfalls. Auffällig ist, dass die Bestockung bei der Variante 1,5% bis über das Alter 80 hinaus über der Variante ohne Zusatzkosten liegt. Die Umtriebszeiten bleiben gleich, die Annuität sinkt um 4,6 € bei 0% und um 5,4 € bei 1,5% Zins, was einem Rückgang um mehr als 50% entspricht. Bei 1,5% fällt der durchschnittliche direktkostenfreie Erlös um knapp 5,- €.

Tabelle 15: *Berücksichtigung von Zusatzkosten bei der Durchforstung*

Zinsrate (%)	***0***		***1,5***	
Variation	***keine***	***Zusatzkosten je Eingriff bis zu 100,- €***	***keine***	***Zusatzkosten je Eingriff bis zu 100,- €***
Optimale Umtriebszeit	145	145	130	130
Annuität pro ha	80,9 €	76,3 €	10,6 €	5,2 €
Durchschnittlicher erntekostenfreier Erlös pro ha	80,9 €	76,3 €	72,9 €	68,0 €
Anzahl der Durchforstungen	20	6	19	7
Perioden ohne Df.	3	17	1	13
Stärke der Durchforstung (mittlere Stammzahlentnahme in %) Alter 30-120	11,8%	10,9%	16,7%	14,4%
Stammzahl Alter 40	648	648	1080	1080
Stammzahl Alter 50	648	648	807	1080
Stammzahl Alter 60	566	544	582	648
Stammzahl Alter 80	391	358	313	389
Stammzahl Alter 100	288	227	167	151
Stammzahl Alter 120	219	227	83	92
mittlerer Durchmesser Alter 40 (cm)	16,3	16,3	15,4	15,4
mittlerer Durchmesser Alter 50 (cm)	20,2	20,2	18,8	18,4
mittlerer Durchmesser Alter 60 (cm)	23,5	23,5	22,2	21,8
mittlerer Durchmesser Alter 80 (cm)	29,4	29,6	29,0	28,2
mittlerer Durchmesser Alter 100 (cm)	34,6	35,1	36,1	35,8
mittlerer Durchmesser Alter 120 (cm)	39,3	39,8	43,9	43,3
Bestockungsgrad Alter 40	0,53	0,53	0,79	0,79
Bestockungsgrad Alter 50	0,81	0,81	0,88	1,11
Bestockungsgrad Alter 60	0,95	0,92	0,87	0,93
Bestockungsgrad Alter 80	1,03	0,96	0,80	0,94
Bestockungsgrad Alter 100	1,07	0,87	0,68	0,60
Bestockungsgrad Alter 120	1,09	1,15	0,52	0,55

3.2.5.2 Änderung der Ausgangsstammzahl

Die bisherigen Untersuchungen basieren auf einer Ausgangssituation von 3.000 Stämmen im Alter 30. Da bei allen bislang diskutierten Varianten zu Beginn mindestens einmal mit höchstmöglicher Stärke eingegriffen wird, sollte hier der Effekt einer unterschiedlichen Ausgangsstammzahl untersucht werden.

Abweichend von der ursprünglichen Lösung werden nun Ausgangsstammzahlen von 2.000 Stämmen und von 4.955 Stämmen verwendet. Die Ausgangssituation mit 2.000 Stämmen wurde mit Hilfe des Programms Silva generiert, die Variante mit 4.955 Stämmen entspricht der Ausgangssituation im Alter 25 der Ertragstafel II. Ekl. von WIEDEMANN (1942).

Der mittlere Durchmesser sinkt von 10,2 cm (N=2.000), über 9,0 cm (N=3.000) auf 7,9 cm (N=4.955). Die Bestandesbegründungskosten werden konstant gehalten (2.000,- €), bei den Läuterungskosten (dem Alter 20 zugeordnet) werden statt der ursprünglich 400,- € bei 2.000 Stämmen 600,- € und bei 4.955 Stämmen 100,- € angesetzt. Tabelle 16 fasst die Ergebnisse zusammen. Während sich bei einer Zinsforderung von 0% mit zurückgehender Ausgangsstammzahl eine Zunahme der Annuität ergibt, ist bei einer Zinsforderung von 1,5% kein Vorteil aus der Stammzahlabsenkung zu erkennen. Zwar steigt auch hier der durchschnittliche direktkostenfreie Erlös, doch führt der unterstellte Effekt steigendender Läuterungskosten zu einer Belastung im Zahlungsstrom. Somit liegt die Annuität nun unter dem ursprünglichen Wert der Lösung mit N=3.000. Bei höherer Ausgangsstammzahl ergibt sich eine leicht höhere Annuität. Dafür fällt der durchschnittliche direktkostenfreie Erlös auf nur mehr 67,7 € ab.

Der Vergleich dieser Varianten zeigt, dass eine niedrigere Ausgangsstammzahl die Wertleistung steigert, weil mit stärker dimensionierten Stämmen gestartet wird. Indes ergibt sich unter der Prämisse eines höheren Aufwands für die Läuterung kein Vorteil, wenn eine Zinsforderung von 1,5% unterstellt wird. Der Produktivitätszuwachs eröffnet keine Möglichkeit, den um 200,- € höheren Aufwand auszugleichen. Dagegen stellt die Reduktion des Läuterungsaufwands bei Zinsbetrachtung einen Vorteil dar, so dass trotz niedrigerer Wertleistung eine leichte Steigerung der Annuität möglich wird.

Tabelle 16: *Variation der Ausgangsstammzahl im Alter 30*

Zinsrate (%)	0			1,5		
Betrachtete Eingangsgröße	Ausgangsstammzahl (N/ ha)					
N	2000	3000	4955	2000	3000	4955
Optimale Umtriebszeit	135	145	150	130	130	130
Annuität pro ha	82,6 €	80,9 €	77,5 €	9,2 €	10,6 €	10,9 €
Durchschnittlicher direktkostenfreier Erlös pro ha	82,6 €	80,9 €	77,5 €	73,4 €	72,9 €	67,7 €
Anzahl der Durchforstungen	20	20	21	20	19	20
Perioden ohne Df.	0	3	3	0	1	0
Stärke der Durchforstung (mittlere Stammzahlentnahme in %) Alter 30-120	10,4%	11,8%	13,4%	15,5%	16,7%	17,8%
Stammzahl Alter 40	720	648	1070	995	1080	1071
Stammzahl Alter 50	674	648	642	730	807	978
Stammzahl Alter 60	537	566	642	529	582	690
Stammzahl Alter 80	377	391	438	287	313	370
Stammzahl Alter 100	274	288	320	153	167	200
Stammzahl Alter 120	211	219	242	75	83	102
mittlerer Durchmesser Alter 40 (cm)	17,5	16,3	13,7	16,4	15,4	13,7
mittlerer Durchmesser Alter 50 (cm)	21,1	20,2	18,3	19,9	18,8	17,1
mittlerer Durchmesser Alter 60 (cm)	24,5	23,5	21,7	23,3	22,2	20,3
mittlerer Durchmesser Alter 80 (cm)	30,3	29,4	27,6	30,2	29,0	26,8
mittlerer Durchmesser Alter 100 (cm)	35,5	34,6	32,7	37,4	36,1	33,5
mittlerer Durchmesser Alter 120 (cm)	40,2	39,3	37,3	45,4	43,9	40,8
Bestockungsgrad Alter 40	0,68	0,53	0,62	0,83	0,79	0,62
Bestockungsgrad Alter 50	0,92	0,81	0,66	0,88	0,88	0,87
Bestockungsgrad Alter 60	0,97	0,95	0,92	0,87	0,87	0,87
Bestockungsgrad Alter 80	1,05	1,03	1,01	0,80	0,80	0,81
Bestockungsgrad Alter 100	1,08	1,07	1,06	0,67	0,68	0,70
Bestockungsgrad Alter 120	1,10	1,09	1,08	0,50	0,52	0,55

3.2.5.3 Abweichen von der optimalen Umtriebszeit

Die Annuität ändert sich mit Erreichen der zweiten Hälfte der Umtriebszeit nur mehr geringfügig, wie in den obigen Ausführungen bereits verdeutlicht worden ist.

Abbildung 36 dokumentiert die Annuität, die sich ergibt, wenn Abweichungen bei der Umtriebszeit auftreten, das optimale Durchforstungsregime aber beibehalten wird (Zinsforderung 1,5%). Eine Verlängerung der Umtriebszeit um bis zu 20 Jahre zeigt nur geringe Effekte: die Annuität sinkt um maximal ca. 20 Cent. Etwas deutlicher wirkt sich hingegen ein früherer Abtrieb aus. Die Annuität geht dann um bis zu 1,- € zurück. Bezogen auf die optimale Lösung bewegen sich diese Abweichungen im Bereich von 10% und weniger, sind also sehr gering. Sie spielen aber eine wichtige Rolle im Hinblick auf betriebliche Überlegungen, die aus Liquiditätsgründen eine Abweichung vom optimalen Zeitpunkt erforderlich werden lassen.

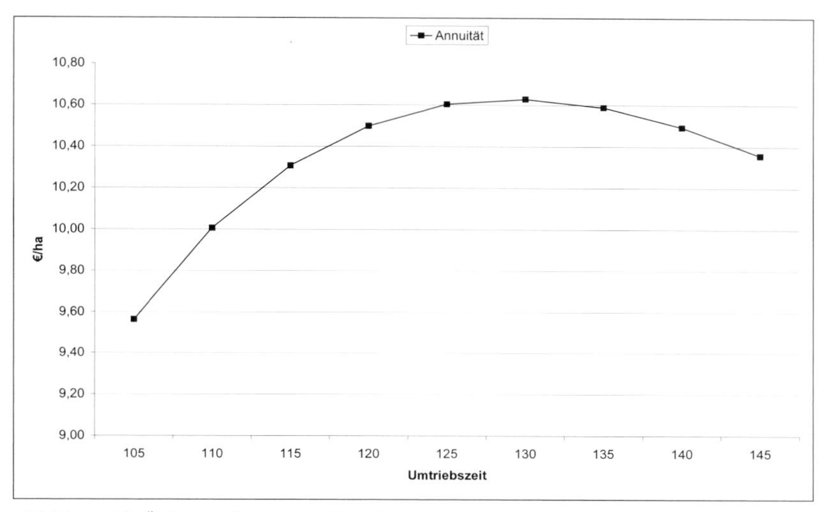

Abbildung 36: *Änderung der Annuität bei Abweichen von der optimalen Umtriebszeit*

Die verhältnismäßig geringe Sensitivität der Annuität für die Abweichung von der optimalen Umtriebszeit verdeutlicht die Sparkassenfunktion eines Waldbestands. Ab einem gewissen Bestandesalter, in diesem Beispiel etwa 100 Jahre, spielen Abweichungen von der optimalen Lösung beim Endnutzungsalter mit Blick auf die Rentabilität keine große Rolle. Es kann bei ähnlicher Rentabilität Kapital investiert bzw. entnommen werden, gleich einem Sparbuch, für das in der Regel ohne Berücksichtigung der investierten Summe ein gleich hoher Zins gezahlt wird. Diese Beobachtung korrespondiert mit dem VOLVO-THEOREM von JOHANSSON und LÖFGREN (a.a.O., s. Kapitel 3), die ebenfalls beschreiben, dass es (ein) Ziel der Bewirtschaftung eines Baumbestands oder Forstbetriebs sein kann, Kapital für andere wirtschaftliche Aktivitäten oder Bedürfnisse vorzuhalten.

3.3 Naturverjüngungswirtschaft

Die bisherige Untersuchung galt einer Kohorte von Bäumen, d.h. für ein Kollektiv gleichaltriger Individuen. Je nach Baumart ist es möglich, zeitweise oder permanent, mehr als eine Kohorte in einem Bestand zu bewirtschaften. Wenn weitere Kohorten – künstlich oder natürlich verjüngt – eingebracht werden, müssen bei der Bewirtschaftung nicht nur die Konkurrenzbeziehungen innerhalb sondern auch zwischen den Kohorten beachtet werden. Das Wachstum zweier oder mehr Bestandesschichten ist nur möglich, wenn ein ausreichendes Angebot an Licht, Nährstoffen und Wasser zur Verfügung steht.

Die kahlschlagsfreie Bestandeswirtschaft zeichnet sich durch ein Überlagern der Produktionszeiträume unterschiedlicher Bestandesgenerationen aus. Bei einer zweistufigen Naturverjüngungswirtschaft gilt dies für die sog. Schirmwuchsphase (FÜRST und JOHANN 1994). In dieser Zeit wächst die Naturverjüngung unter einem mehr oder weniger lichten Schirm bzw. Überhalt, und es wird in zwei Schichten produziert. Die Modellierung dieses waldbaulichen Systems ist komplex: Zeitpunkt des Auflaufens und die Entwicklung der Naturverjüngung unter Schirm hängen von einer Vielzahl unterschiedlicher Faktoren ab, die in ihrem Zusammenwirken modelliert werden müssen (BIBER 2003).

Aus waldbaulich-ertragskundlicher Sicht ist insbesondere relevant, wie stark ein Bestand aufgelichtet, wie lange ein Überhalt oder Schirm erhalten und wie die Pflege der Naturverjüngung betrieben werden sollte. Aus ökonomischer Perspektive interessiert die Methode, mit der sich die optimale Bestandesbehandlung eines zweistufigen Naturverjüngungsbetriebs bestimmen lässt. Die Überlagerung der Produktionszeiträume verhindert die Anwendung des FAUSTMANN'SCHEN Modells: die Produktionszyklen reihen sich nicht sukzessive aneinander, so dass die Zahlungsströme der jeweiligen Bestandesgenerationen eindeutig zugeordnet werden können. Vielmehr liegt infolge der Überlappungen eine permanente Bestockung vor, und es fallen zeitweise Zahlungen aus zwei verschiedenen Bestandesschichten an.

3.3.1 Methodik der Rentabilitätsanalyse

Bei zinsfreier Betrachtung ergeben sich im Gegensatz zur bisherigen Betrachtung des Problems der optimalen Bestandesbehandlung zwei Unterschiede. Zum einen wird die Umtriebszeit um die Schirmwuchsphase verkürzt. Zum anderen werden für den Zeitraum der Schirmwuchsphase Zahlungen aus zwei Bestandesschichten saldiert (s. Abbildung 37).

Muss hingegen eine Zinsforderung beachtet werden, ist von entscheidender Bedeutung, wie der waldbauliche Zyklus abgegrenzt wird. In der vorhandenen Literatur finden sich unterschiedliche Ansätze, die im Folgenden vorgestellt und diskutiert werden.

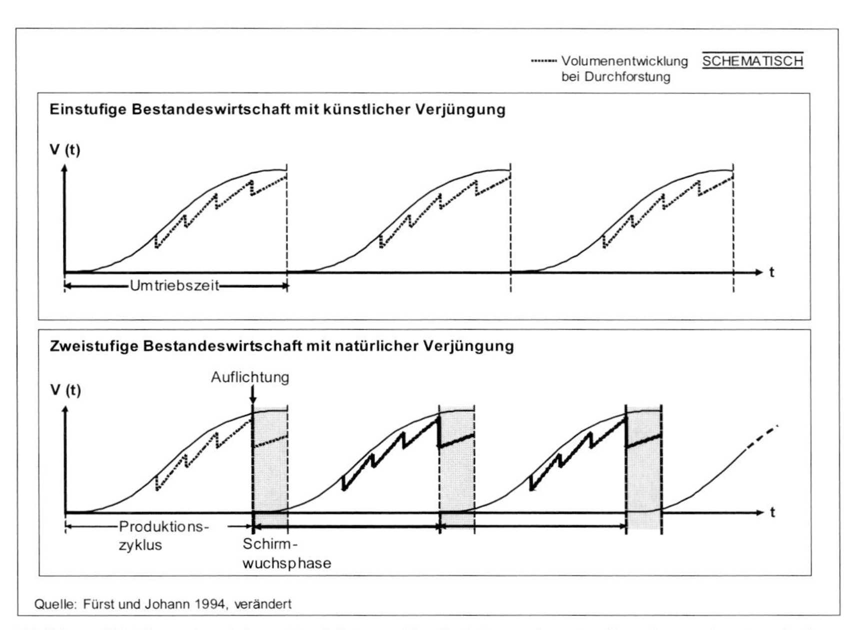

Abbildung 37: *Umtriebszeit bzw. Produktionszyklus bei ein- und zweistufiger Bestandeswirtschaft*

Die Analyse einer Schirmschlags- oder Überhaltswirtschaft beschreibt bereits ENDRES (1894, S. 86). ENDRES stellt einen Ansatz vor, der in der Logik des FAUSTMANN'SCHEN Modells den Zahlungsstrom einer Bestandesgeneration in chronologischer Reihenfolge bewertet. Dieser Umtrieb bzw. Zyklus umfasst den Zeitraum vom Auflaufen der Naturverjüngung bis zum Einleiten einer neuen Bestandesgeneration über die erneute natürliche Verjüngung. Erträge, die aus der anschließenden Nutzung des Schirms bzw. Überhalts resultieren, werden auf den Zeitpunkt der Einleitung der Naturverjüngung diskontiert. Es erfolgt damit keine Verrechnung von Ein- und Auszahlungen, die zwar in einer Periode, jedoch in zwei verschiedenen Bestandesschichten entstehen. Die Zahlungsströme werden strikt getrennt nach aufeinander folgenden Bestandesgenerationen bewertet. RIDEOUT (1985) verwendet ebenfalls ENDRES' Ansatz und arbeitet zusätzlich die Bedeutung der notwendigen Überführungsperiode heraus.

NAVARRO (2003) diskutiert den Ansatz RIDEOUTS im Kontext seiner methodischen Analyse des FAUSTMANN'SCHEN Modells. Er kritisiert am Modell RIDEOUTS – und damit indirekt auch am Modell ENDRES' – die aus seiner Sicht doppelte Verrechnung des 'Aufwands' für die natürliche Verjüngung. NAVARRO definiert dabei als 'Aufwand' für die Naturverjüngung die Berücksichtigung des Zeitraums, der notwendig ist, um das Wachstum der zweiten Bestandesschicht unter Schirm einzuleiten. Nach FÜRST UND JOHANN (1994) kann dieser Zeitraum als Schirmwuchsphase bezeichnet werden (vgl. Abbildung 37). Im Modell von ENDRES und RIDEOUT wird der (zeitliche) Aufwand durch die Diskontierung der Erträge aus dem Oberstand auf den Zeitpunkt der Auflichtung zweimal berücksichtigt, weil Schirmwuchsphasen zu Beginn und am Ende des betrachteten Zeitraums vorliegen.

NAVARRO schlägt anstelle dessen vor, den Produktionszyklus zu bewerten, der mit Ende einer Schirmwuchsphase beginnt und mit Abschluss einer neuen Schirmwuchsphase endet. Auf diese Weise wird der Zeitraum, der für die natürliche Verjüngung benötigt wird, nur einmal berücksichtigt. Gleichzeitig ergibt sich ein Saldo aus der Verrechnung des Aufwands, der bspw. durch Bodenbearbeitung oder Stammzahlreduktionen entsteht, mit den Erträgen aus der Nutzung des Überhalts. Dies entspricht den Realitäten eines waldbaulichen Systems im Gleichgewicht und fügt sich laut NAVARRO auch in die Definition der Schirmschlagwirtschaft bzw. der zweistufigen Bestandeswirtschaft. Diese besagt, dass die sukzessive Nutzung des Oberstands der natürlichen Verjüngung dient und somit eine Verrechung von Aufwand und Ertrag aus beiden Bestandesschichten legitim ist.

HOLTEN-ANDERSEN (1987) weist ebenfalls daraufhin, dass der FAUSTMANN'SCHE Ansatz für die Untersuchung der zweistufigen Bestandeswirtschaft nicht geeignet ist[16]. Voraussetzung einer Naturverjüngungswirtschaft ist ein verjüngungsfähiger Altbestand. Der Autor beginnt deshalb seine Analyse mit dem Zeitpunkt der Auflichtung dieses Altbestandes zur Einleitung der natürlichen Verjüngung. Fallen Zahlungen aus beiden Bestandesschichten an, werden diese saldiert[17]. HOLTEN-ANDERSEN berechnet einen Erwartungswert zum Zeitpunkt der Auflichtung und periodisch für den weiteren waldbaulichen Zyklus[18]. Dieser Erwartungswert nimmt nach Auflichten des Bestandes ab und erreicht gegen Ende des Zyklus wieder einen höheren Wert, weil die erneute Auflichtung bevorsteht.

Die Untersuchung von ZHOU (1998) beschäftigt sich mit der Optimierung der Kiefernüberhaltwirtschaft in Nord-Schweden. Der Autor befasst sich dabei mit einer Überführungs- und Gleichgewichtskonstellation, d.h. es werden die Überhaltsphase eines bereits existierenden Bestandes nach dessen Aufhieb und die Bewirtschaftung des anschließend aus natürlicher Verjüngung entstandenen Bestandes untersucht. Für den neuen Bestand wird jedoch nur mehr das Durchforstungsregime optimiert, Stärke des notwendigen Aufhiebs bzw. die Anzahl der Stämme auf der Fläche und die Dauer des Überhaltes werden für alle weiteren Umtriebe übernommen. Da die Ausgangssituation festgelegt ist, handelt es sich somit nicht um die Optimierung eines sich im Gleichgewicht befindlichen geschlossenen waldbaulichen Systems nach dem Konzept von HOLTEN-ANDERSEN.

Die Studie von ZHOU weist auf das zentrale Problem bei der Optimierung eines Gleichgewichts hin. Es wird der optimale Kapitaleinsatz für ein waldbauliches System bestimmt, ohne dass berücksichtigt wird, wie dieses System erreicht werden kann bzw. erreicht wurde. Der Überführungspfad bleibt ausgeblendet. Dies ist ein wichtiger Unterschied zum FAUSTMANN Modell. Die Annahme unbestockten Bodens ermöglicht

[16] Der Autor verwendet als Untersuchungsobjekt die Buchennaturverjüngungswirtschaft.
[17] Liegt bspw. ein 120-jähriger Umtrieb vor, der eine 20 Jahre dauernde Schirmwuchsphase umfasst, wird der Zahlungsstrom für einen 100-jährigen Zyklus bewertet. Die Analyse startet dabei im Alter 100, bei NAVARRO im Alter 120.
[18] Da mit zeitlichem Fortschreiten periodisch Holz geerntet wird, wird der periodische Saldo vom jeweiligen Erwartungswert der Vorperiode abgezogen. Die prolongierte Differenz ergibt dann den neuen Erwartungswert.

bei diesem eine vergleichsweise einfache Optimierung. Da für die Etablierung der Naturverjüngungswirtschaft ein Ausgangsbestand notwendig ist, liegt der Erwartungswert eines Naturverjüngungsbetriebs über dem Bodenertragswert der FAUSTMANN'SCHEN Lösung.

Insofern können Vergleiche nicht anhand nur eines Zeitpunktes unternommen werden, wie es für den Bodenertragswert der Fall ist, wo bei Bestandeswirtschaft mit künstlicher Verjüngung immer eine unbestockte Fläche vorliegt, bevor ein neuer Zyklus beginnt. Vergleicht man den Ansatz NAVARROS mit dem von HOLTEN-ANDERSEN, so wird deutlich, dass sich diese ineinander überführen lassen – der Erwartungswert nach Abtrieb des letzten Baumes im Oberstand nach NAVARRO entspricht einem Erwartungswert im zyklischen Ansatz von HOLTEN-ANDERSEN.

Dennoch ist der zyklische Ansatz zu bevorzugen, weil nur so gewährleistet ist, dass bei einem Vergleich unterschiedlicher Varianten die Vorteilhaftigkeit richtig bestimmt wird. Erst wenn der Erwartungswert des Systems im Gleichgewicht zu jedem Zeitpunkt höher als der Vergleichswert ist, liegt eine eindeutige Vorteilhaftigkeit vor. Für den Vergleich mit einem Bodenertragswert gilt deshalb, dass der Netto-Erwartungswert zu jedem Zeitpunkt dem Bodenertragswert überlegen sein muss, wenn ein zyklisches System ökonomisch überlegen sein soll. Der Netto-Erwartungswert berücksichtigt den Abzug des Abtriebswertes – der Vergleich mit einer Bestandeswirtschaft mit künstlicher Verjüngung muss die Opportunität eines vollständigen Abtriebs bzw. die notwendige Vorhaltung eines verjüngungsfähigen Bestandes in Betracht ziehen (HOLTEN-ANDERSEN 1987; s. a. NORD-LARSEN UND BEECHSGARD 2000).

3.3.2 Eigenschaften der Modelllösung Naturverjüngungsbetrieb

Ohne das Wachstum der Naturverjüngung unter Schirm im Einzelnen zu modellieren, soll untersucht werden, wie sich ein optimales Durchforstungsregime darstellt, wenn eine bestimmte maximale Stammzahl nicht überschritten werden darf, um den Bestand natürlich verjüngen zu können. Es gilt aus ökonomischer Sicht zu bewerten, wie schnell im Rahmen der waldbaulichen Möglichkeiten ein Bestand aufgelichtet werden sollte und wie lange der Schirm bzw. Überhalt zu erhalten ist. Gelten hier dieselben

Kriterien wie bei der Bestandeswirtschaft mit künstlicher Verjüngung, um zu bestimmen, wann der waldbauliche Zyklus enden sollte?

Die zweistufige Bestandeswirtschaft wird im Folgenden optimiert, indem eine Maximalstammzahl für den Schirm bzw. Überhalt vorgegeben wird. Diese beträgt maximal 51 Stämme pro Hektar[19]. Ist diese Stammzahl erreicht, wird der Bestand während einer 40 Jahre dauernden Phase zweistufig bewirtschaftet[20]. Die bisherigen Kulturkosten von 2000,- € entfallen. Anstelle dieser werden für die Bodenbearbeitung in der Periode der endgültigen Auflichtung 750,- € veranschlagt. Die anschließend notwendige Stammzahlverringerung und Läuterung verursacht einen Aufwand von 800,- €, der dem Alter 20 zugeordnet wird. Wie bei der einstufigen Wirtschaft wird unterstellt, dass erst nach dem Alter 30 durchforstet werden kann. Die naturale Ausgangssituation entspricht im Alter 30 derjenigen der einstufigen Bestandeswirtschaft.

Im folgenden Abschnitt wird die Modelllösung für die Optimierung von Umtriebszeit und Durchforstung vorgestellt. Die Zielfunktion des Erwartungswertes bei Betrachtung eines Zeitpunkts lautet (vgl. HOLTEN-ANDERSEN 1987, JACOBSEN, MÖHRING UND WIPPERMANN 2003):

$$\max!EV = \frac{\sum_{t_i}^{T}\left[D_{t_i} - c_{t_i}\right](1+r)^{(T-t_i)}}{(1+r)^{T} - 1} \qquad (34)$$

wobei angenommen wird, dass alle Erntemaßnahmen – auch der stufenweise Abtrieb des Schirms – Durchforstungen (D_t) sind. C_t umfasst jeweils die anfallenden Auszahlungen für Bodenbearbeitung und Läuterung. T ist der maximale Produktionszyklus.

[19] Vorversuche haben gezeigt, dass zur Erleichterung der Programmierung der zweistufigen Bestandeswirtschaft eine altersabhängige Stammzahlleitkurve vorgegeben werden sollte. Diese wurde als Parabel formuliert und so konstruiert, dass bei maximal möglicher Stammzahlentnahme von 40% erst in den beiden letzten Perioden vor der Auflichtung eine rechnerische Begrenzung der maximalen Stammzahl vorliegen kann. Je nach Ausgangsstammzahl muss ohnehin ein- bis mehrfach stark eingegriffen werden, um diese Vorgabe zu erreichen. Aus der Formulierung der Parabel ergibt sich, dass zum Zeitpunkt des Beginns der Schirmwuchsphase (t=0) maximal 51 Stämme pro ha vorhanden sein können.

[20] Die simultane Optimierung von Durchforstungsregime und Auflichtungszeitpunkt sowie Ende der Schirmwuchsphase lässt sich auf Basis des verwendeten Optimierungsprogramms nicht realisieren.

Es gelten folgende Nebenbedingungen:

$$0 \leq t_i \leq T \leq 160, \tag{35}$$

$$0 \leq x_i \leq 0{,}4, \; \mathrm{i} = 1, \ldots, \; \mathrm{n} - 1, \tag{36}$$

$$t_{\min} \leq t_1 \leq t_2, \ldots, \leq t_{i-1} \leq t_i \leq T. \tag{37}$$

Der Netto-Erwartungswert ergibt sich nach Abzug des Abtriebswerts zum Zeitpunkt 0 als

$$\max! NEV = \frac{\sum_{t_i}^{T} \left[D_{t_i} - c_{t_i}\right](1+r)^{(T-t_i)}}{(1+r)^T - 1} - A_0. \tag{38}$$

Die Optimierung erfolgt somit auf Basis des Ansatzes von HOLTEN-ANDERSEN (a.a.O.) und sieht die Optimierung des gesamten waldbaulichen Zyklus vor. Maximiert wird der durchschnittliche Netto-Erwartungswert

$$\max! durchschn.NEV = \frac{\sum_{0}^{T} NEV_i}{T}. \tag{39}$$

Der Optimierungsalgorithmus in Excel wurde an diese Vorgabe angepasst. Aus dem Netto-Erwartungswert kann die Annuität abgeleitet werden, indem dieser mit der Zinsrate multipliziert wird. Die Optimierung erfolgt für Zinsraten von 0-4%. Der Überführungspfad zur zweistufigen Wirtschaft wird nicht betrachtet.

Ebenfalls nicht berücksichtigt wird die Interaktion zwischen Schirm und Nachfolgebestand, wie z.B. eine positive Beeinflussung in Form einer besseren Ausdifferenzierung durch Schatten oder eine negative Beeinflussung in Form einer Zuwachsreduktion durch Schattenwurf.

3.3.2.1 Auflichtungszeitpunkt und Länge der Schirmwuchsphase

Die Ergebnisse der Optimierung zeigen, dass auch im Falle der zweistufigen Wirtschaft das Optimalitätskriterium für das Ende eines Umtriebs gilt. Fällt das Weiserprozent unter die Zinsforderung, ist der optimale Zeitpunkt für den Aufhieb bzw. der optimale Produktionszyklus erreicht. Abbildung 38 zeigt das Ergebnis der Optimierung für 2% Zins. Das Weiserprozent unterschreitet nach dem Alter 90 und das Wertzuwachsprozent nach dem Alter 125 die Zinsforderung. Eine kürzere Schirmwuchsphase wäre somit vorteilhafter – die Vorgabe von 40 Jahren ist zu lang. Die Annuität würde um 0,08 € steigen, der durchschnittliche direktkostenfreie Erlös um 1,28 € fallen.

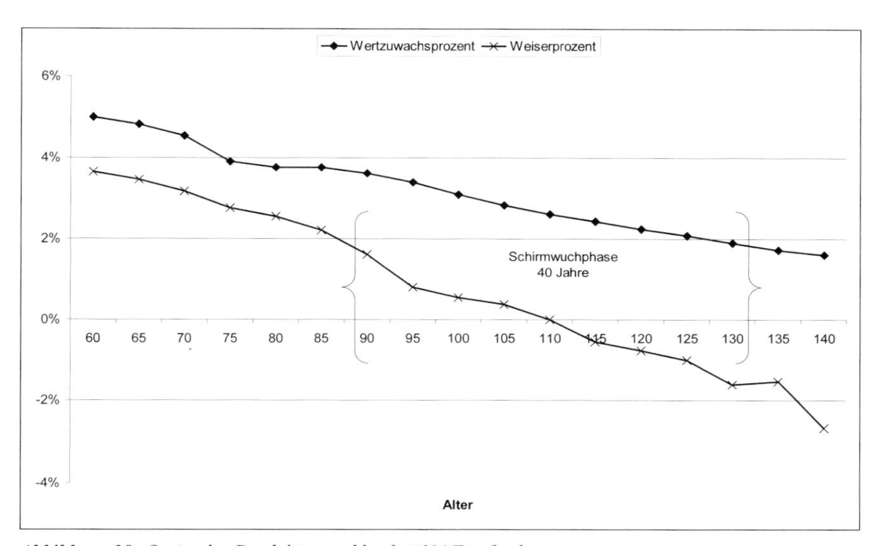

Abbildung 38: *Optimaler Produktionszyklus bei 2% Zinsforderung*

Tabelle 17 zeigt die Ergebnisse der Optimierung für Zinsraten von 0 bis 4%. Mit steigender Zinsforderung ist es vorteilhafter, früher aufzulichten. Der Überhalt selbst wird, wie am obigen Beispiel gezeigt, im Optimalfall dann abgetrieben, wenn der relative Wertzuwachs unter die Zinsforderung fällt. Bei Zinsforderungen, die den möglichen relativen Wertzuwachs übersteigen, also bei 4%, ist die kürzestmögliche Schirmwuchsphase zu suchen. Hinsichtlich der durchschnittlichen Erlöse ist ein Erhalten des Schirms vorteilhaft, solange der Überhalt einen positiven Wertzuwachs leistet (bei Annahme erntekostenfreier Erlöse).

Die Optimierung zeigt, dass qualitativen Eigenschaften der Lösung für eine optimale Bestandesbehandlung denen der einschichtigen Wirtschaft mit künstlicher Verjüngung gleichen. Mit steigender Zinsforderung liegt in der ersten Hälfte des Produktionszyklus die Stammzahl höher. Um die geforderte maximale Stammzahl zu erreichen, erfolgen dann später vergleichsweise kräftigere Durchforstungen, während bei 0% oder 1% Zinsforderung zu Beginn deutlich stärker durchforstet wird.

Abbildung 39 zeigt die Entwicklung der Erwartungswerte sowie des Abtriebswertes. Die dargestellten Werte beziehen sich jeweils auf einen vollständigen Zyklus, der für eine Zinsforderung von 2% optimiert wurde. Der zyklische Netto-Erwartungswert (als Differenz von Erwartungswert und Abtriebswert) spiegelt wider, wie sich die mit niedrigen Ausgaben verbundene natürliche Verjüngung, aber auch die dafür notwendige Auflichtung auswirken. In der zweistufigen Phase steigt diese Größe an, weil bei vergleichsweise niedrigem Abtriebswert hohe Netto-Erlöse zu erwarten sind. In der anschließenden Phase einstufigen Wachstums fällt der Netto-Erwartungswert dagegen wieder ab, weil bei zunehmend höherem Abtriebswert der Erwartungswert kaum mehr steigt und schließlich sinkt – die Phase zweistufigen Wachstums zeichnet sich bereits ab. Nach dem Aufhieb im Alter 95 wird der niedrigste Wert erreicht, weil zunächst keine hohen Nutzungen zu erwarten sind.

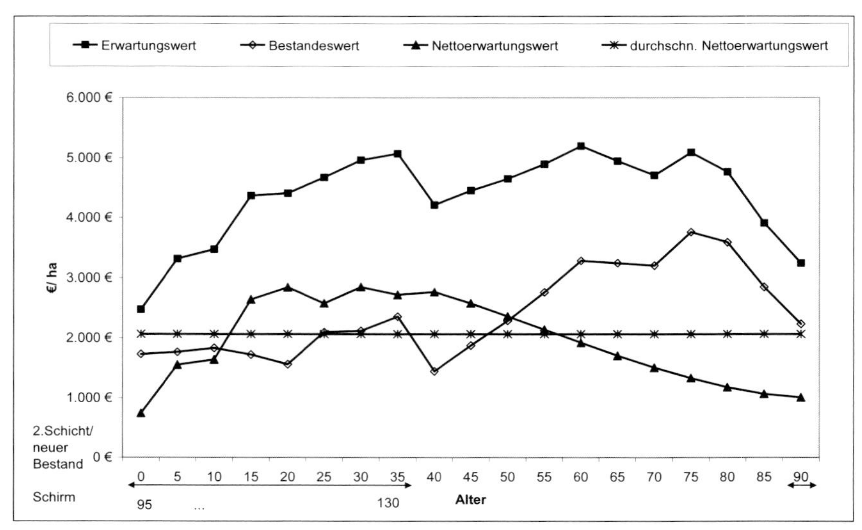

Abbildung 39: Optimierung des Produktionszyklus nach HOLTEN-ANDERSEN (1986), Zinsforderung 2%

Tabelle 17: *Optimierung zweistufige Wirtschaft (Überhalt 40 Jahre)*

Zinsrate (%)		***0***	***1***	***2***	***3***	***4***
Produktionszyklus (Jahre)		110	90	90	80	80
Alter Ende Überhalt/ Schirmwuchsphase		150	130	130	120	120
Annuität pro ha		101 €	68 €	41 €	22 €	6 €
Durchschnittlicher direktkostenfreier Erlös pro ha		101 €	97 €	84 €	74 €	67 €
Phase bis Alter 80	Anzahl der Durchforstungen	10	11	11	11	11
	Perioden ohne Df.	1	0	0	0	0
	Mittlere Eingriffstärke	0,16	0,19	0,23	0,27	0,27
	Stammzahl Alter 40	648	648	1019	1061	1229
	Stammzahl Alter 60	510	485	486	399	357
	Stammzahl Alter 80	342	237	142	85	85
	mittl. Durchmesser Alter 40	0,2	0,2	0,2	0,2	0,1
	mittl. Durchmesser Alter 60	0,2	0,2	0,2	0,2	0,2
	mittl. Durchmesser Alter 80	0,3	0,2	0,2	0,2	0,2
	Bestockungsgrad Alter 40	0,53	0,31	0,32	0,34	0,33
	Bestockungsgrad Alter 60	0,88	0,53	0,75	0,78	0,80
	Bestockungsgrad Alter 80	0,92	0,84	0,77	0,66	0,56
Phase Alter 100 bis 140	Anzahl der Durchforstungen	4	2	3	5	5
	Perioden ohne Df.	4	5	4	1	1
	Mittlere Eingriffstärke	0,26	0,12	0,18	0,38	0,38
	Stammzahl Alter 100	237	51	51	11	11
	Stammzahl Alter 120	51	51	51	2	2
	Stammzahl Alter 140	51	-	-	-	-
	mittl. Durchmesser Alter 100	36,1	17,8	13,2	0,51	0,51
	mittl. Durchmesser Alter 120	46,5	42,5	42,6	0,49	0,48
	mittl. Durchmesser Alter 140	53,3	-	-	0,66	0,65
	Bestockungsgrad Alter 100	0,96	0,62	0,63	0,08	0,08
	Bestockungsgrad Alter 120	0,36	0,29	0,29	0,02	0,02
	Bestockungsgrad Alter 140	0,43	-	-	-	-

4 Optimale Kapitalallokation im Forstbetrieb – Optimierung der Bestandesbehandlung aus betrieblicher Perspektive

4.1 Angemessene Berücksichtigung alternativer Kapitalanlagemöglichkeiten

Die Berechnung des Kapitalwerts einer periodisch ewig wiederkehrenden Zahlungsreihe impliziert die richtige Allokation der knappen Produktionsfaktoren Boden und Kapital. Unter den Bedingungen eines vollkommenen Kapitalmarktes wird ein Investor nicht bereit sein, für eine unbestockte Fläche mehr als den FAUSTMANN'SCHEN Bodenertragswert zu zahlen (vgl. HELMEDAG 2002 und NAVARRO 2003, S. 107). Die Optimierung der Bestandesbehandlung bei einer positiven Zinsforderung erlaubt die Bestimmung des maximalen Bodenertragswertes[21].

Vergleicht man die Ergebnisse, die sich mit und ohne simultane Optimierung der Durchforstung ergeben haben (vgl. Kapitel 3), zeigt sich, dass die gleichzeitige Durchforstungsoptimierung zu einer Erhöhung der Annuitäten führt (s. Tabelle 18).

Tabelle 18: *Vergleich wichtiger Kennzahlen ohne und mit Optimierung der Durchforstungen*

Optimierung	Umtriebszeit		Durchforstungen & Umtriebszeit	
Zinsrate (%)	0	1,5	0	1,5
Opt. Umtriebszeit (Jahre)	135	130	145	130
Annuität (€/ha)	77,2	6,9	80,9	10,6
Durchschnittlicher direktkostenfreier Erlös (€/ha)	77,2	77,0	80,9	72,9

Hingegen nimmt der durchschnittliche direktkostenfreie Erlös, also die Stromgröße des jährlichen Überschusses aus der nachhaltigen Bewirtschaftung einer normal aufgebauten Betriebsklasse, infolge der Optimierung des Durchforstungsregimes bei 1,5% Zinsforderung um 4,1 € auf 72,90 € ab. Es wird ein höherer Anteil der Bestockung entnommen, um die geforderte Grenzverzinsung zu erreichen. Dies führt dazu, dass in der Betriebsklasse ein geringerer Vorrat vorhanden ist, was wiederum im Durchschnitt eines Umtriebs dazu führt, dass weniger Holz geerntet werden kann und somit ein Rückgang des durchschnittlichen direktkostenfreien Erlöses ausgelöst wird.

[21] Vereinfachend sei hier wie im Folgenden angenommen, dass nur eine Bestandeswirtschaft mit künstlicher Verjüngung vorliegt.

Wird der Forstbetrieb entsprechend der Optimallösung für den maximalen Waldreinertrag bewirtschaftet, ergibt sich infolge der Optimierung ein höherer durchschnittlicher direktkostenfreier Erlös aus der Holzproduktion [22] – die Annuität entspricht dem durchschnittlichen direktkostenfreien Erlös und entsprechend nehmen beide infolge der Optimierung zu.

Die Analyse des Effekts der simultanen Optimierung verdeutlich die in dieser Untersuchung eingangs geschilderte Problematik: bei positiver Zinsforderung, d.h. unterstellter Knappheit der finanziellen Mittel, ergibt sich eine optimale Lösung, die zu einem niedrigeren durchschnittlichen direktkostenfreien Erlös führt und damit die betriebliche Liquidität schmälert. Dafür ist aber eine positive Grenzrendite des eingesetzten Kapitals gewährleistet. Aus Sicht wirtschaftlich geführter Forstbetriebe erscheint dieses Ziel notwendig: ständig wird nach der besten Verwendung für die knappen zur Verfügung stehenden finanziellen Mittel gesucht. Andererseits sollte aber die betriebliche Liquidität nicht geschmälert werden, indem Kapital aus dem Betrieb abgezogen wird. Wie lassen sich diese unterschiedlichen Zielsetzungen bei der Betriebsführung vereinbaren?

Wie bereits geschildert, ist es nicht möglich, einen allgemein anwendbaren Zinsfuß bei der Optimierung der Bestandesbehandlung festzulegen. Die Diskussion um die (richtige) Höhe des forstlichen Zinsfußes im Zuge der Debatte um die Bodenreinertragslehre zeugt davon. Eine Zinsforderung von 3%, wie sie von den Vertretern der Bodenreinertragslehre gefordert wurde und heute in nordamerikanischen und skandinavischen Untersuchungen regelmäßig mindestens unterstellt wird, war und ist in Mitteleuropa nachhaltig nicht erreichbar. Unterschiede in den Erlös- wie auch in den Kostenstrukturen oder / und bei der Gesamtwuchsleistung erlauben die Anwendung höherer Zinsfüße in diesen Ländern durchaus. Für die mitteleuropäische Konstellation gilt indes, dass eben nur eine deutlich geringere Kapitalrendite erwirtschaftet werden kann, d.h. die Zinsrate, bei der die Annuität negativ wird, ist vergleichsweise niedriger. Bei dem in dieser Untersuchung verwendeten Modell liegt sie etwas unter 2% (ohne Berücksichti-

[22] Nicht berücksichtigt ist der Aufwand für die Verwaltung des Forstbetriebes. Unterstellt wird, dass dieser Aufwand von der Bestandesbehandlung unabhängig und damit hier nicht entscheidungsrelevant ist.

gung von Verwaltungskosten). Sie definiert die maximal mögliche Grenzverzinsung zusätzlich eingesetzten Kapitals.

Berücksichtigt man diesen Zusammenhang, so wird ein "geschlossenes System" betrachtet – der Forstbetrieb wird im Sinne der ökonomischen Nachhaltigkeit, d.h. unter Erhalt des in den Waldbeständen gebundenen Kapitals, bewirtschaftet. Liegt ein "offenes System" vor, so würde Kapital aus dem Forstbetrieb abgezogen, weil es sich anderweitig besser verzinst. Dies bedeutet aber auch, dass der durchschnittliche direktkostenfreie Erlös, also das jährliche Einkommen aus dem Forstbetrieb, langfristig geschmälert würde.

Die bislang vorgestellte Optimierung bei unterschiedlich hohen Zinsfüßen führt jeweils zu einer Lösung in Form einer optimalen Bestandesbewirtschaftungsstrategie für die gesamte Umtriebszeit. Es konnte gezeigt werden, dass dabei in jeder Periode die Erzielung der Grenzrendite in Höhe der Zinsforderung gewährleistet ist. In der betrieblichen Realität bestehen indes denkbar viele Konstellationen, die von den beschriebenen Optimallösungen abweichen – ein Betrieb besteht nicht eben aus dieser Modell-Betriebsklasse, die genau nach dem jeweiligen Optimierungskalkül bewirtschaftet wird. Aus verschiedenen Gründen (bspw. verschiedene Baumarten, Leistungsfähigkeit der Standorte, unterlassene waldbauliche Maßnahmen, Auswirkungen von Sturm und anderen Schadereignissen) liegt vielmehr eine Situation vor, wo ständig überprüft werden muss, ob die knappen Mittel der besten Verwendung zugeführt werden.

WOHLERT stellt in seiner Dissertation den theoretischen Rahmen für die Möglichkeit zur Effizienzsteigerung des Kapitaleinsatzes vor. Er optimiert die Rentabilität einer existierenden Betriebsklasse mit Hilfe des Kriteriums der Erhaltung des sog. Erfolgskapitals: das Erfolgskapital als Barwert aller zukünftigen Ausschüttungen bleibt genau dann erhalten, wenn diese Ausschüttungen in ihrer Höhe der Verzinsung des Ertragswerts entsprechen (WOHLERT 1993, S. 36; vgl. auch SPREMANN 1996, S. 437). Dieser Ansatz verlangt keine Restriktion hinsichtlich des durchschnittlichen direktkostenfreien Erlöses, sondern nur für den Ertragswert. Es wird unterstellt, dass Schwankungen dieses Durchschnittswertes durch eine jederzeit mögliche Anlage zum Grenzzins ausgeglichen werden können.

Übertragen auf die Erkenntnisse aus dieser Arbeit bedeutet dies, dass überprüft wird, ob nicht jeweils diejenigen Anteile der Bestockung entnommen werden können, welche nicht mehr die geforderte Grenzverzinsung leisten. Aus ökonomischer Sicht handelt es sich um den Fall der Optimierung des Kapitaleinsatzes bei unbekannter Zinsforderung bzw. einer vom Entscheidungsträger bislang nicht festgelegten Zinsforderung (SPREMANN 1996, S. 437). Dabei setzt die Forderung nach Gewährleistung der Nachhaltigkeit (je nach Zielsetzung bspw. des durchschnittlichen erntekostenfreien Erlöses und/oder des Vorratswertes) den Rahmen für die Optimierung des Kapitaleinsatzes. Mit Hilfe einer Optimierung, bei der die Zinsrate sukzessive gesteigert wird, kann überprüft werden, wie sich die Optimierung des Kapitaleinsatzes auswirkt ohne die betrieblichen Nachhaltigkeitskriterien zu verletzen. Entsprechend ist bei optimalen Modelllösungen kein Effizienzgewinn zu erwarten, weil bereits in jeder Periode die geforderte Grenzverzinsung eingehalten wird.

MÖHRING (1994, S. 177 ff.) zeigt exemplarisch, wie der durchschnittliche direktkostenfreie Erlös leicht gesteigert werden kann, ohne dass es im Forstbetrieb zu einem Absinken des Vorratswertes kommt. Im Sinne einer optimalen Kapitalallokation wird das knappe Kapital durch veränderte Bestandesbehandlung der besten Bestimmung zugeführt. Der Hebel besteht in der Verlängerung des Umtriebs bei gleichzeitigem Abbau unproduktiver Bestockung, die nicht die geforderte Grenzverzinsung leistet. Darüber hinaus zeigt der Autor anhand realer Ernteentscheidungen, dass bei der Bestandesbehandlung sehr wohl eine positive Grenzrendite beachtet wird und entsprechend diejenigen Anteile des Holzvorrats ausscheiden, welche nicht die unterstellte Effizienzforderung gewährleisten (MÖHRING 2001). Solange der unterstellte Kalkulationszins niedriger als die tatsächlich realisierbare Grenzrendite ist, ergibt sich keine negative Wirkung auf den durchschnittlichen direktkostenfreien Erlös (Möhring 1994, S. 97).

Viele Autoren, so auch kürzlich HELMEDAG (2002) behaupten, dass die optimale Umtriebszeit diejenige sei, welche den Waldreinertrag maximiert. Die obigen Überlegungen schließen diese Zielsetzung nicht aus. Wenn unbegrenzte finanzielle Mittel vorliegen, ist dies theoretisch richtig. Da aber in der forstbetrieblichen Praxis von knappen finanziellen Mitteln auszugehen ist, sollten bei gegebener betrieblicher Ausgangskonstellation alle Möglichkeiten überprüft werden, die zu einer ökonomisch optimalen Bestandesbehandlung führen (vgl. MÖHRING 1994, S. 127).

Wird in den vorhandenen Betrieb investiert, um den durchschnittlichen direktkostenfreien Erlös (und damit die betriebliche Liquidität) zu steigern, muss zugunsten zukünftig höherer Deckungsbeiträge zunächst auf Konsum verzichtet werden (MÖHRING 1994, S. 136; WOHLERT 1993, S. 34). Es ergibt sich – analog zu den obigen Überlegungen – für das zusätzlich eingesetzte Kapital eine niedrigere Grenzverzinsung, weil in den jeweiligen Perioden weniger Bestockung entnommen wird, als es die optimale Lösung erfordert.

4.2 Optimale Bestandesbehandlung unter Berücksichtigung alternativer innerbetrieblicher Kapitalverwendung

Im Folgenden erfolgt nun anstelle der Betrachtung eines Bestandes die Betrachtung einer normal aufgebauten Betriebsklasse. Es wird angenommen, dass diese aktuell in einer Weise bewirtschaftet wird, die nicht der vorgestellten Optimallösung entspricht. Von zwei unterschiedlichen Konstellationen ausgehend werden Bestandesbehandlung und Umtriebszeit bei einer Zinsforderung von 1,5% optimiert. Bei dieser Zinsforderung ist eine positive Annuität der Ausgangsvariante noch gewährleistet, d.h. die interne Verzinsung übersteigt 1,5%. Es wäre auch möglich, diese Zinsforderung niedriger anzusetzen, doch wird unterstellt, dass eine möglichst hohe Verzinsung erreicht werden soll.

Die Optimierung erfolgt unter der Prämisse, dass sowohl Vorratswert als auch durchschnittlicher direktkostenfreier Erlös nicht sinken dürfen. Ziel ist, durch einen komparativ-statischen Vergleich der Varianten vor und nach der Optimierung eine Aussage zur Verbesserung der Effizienz des Kapitaleinsatzes in der normal aufgebauten Betriebsklasse zu treffen. Tabelle 19 zeigt die Ergebnisse der Optimierung. Untersucht wurde, wie sich die optimale Lösung ohne und mit Einbeziehung von Zusatzkosten (max. 100,- € analog Kapitel 3.2.5.1) darstellt.

***Tabelle 19**: Optimierung von Umtriebszeit und Bestandesbehandlung einer gegebenen Betriebsklasse*

Grenzrendite (%)	1,5							
	A		A Fixkosten (100,-€)		B		B Fixkosten (100,-€)	
Variante	ineffizient	effizient	ineffizient	effizient	ineffizient	effizient	ineffizient	effizient
Optimale Umtriebszeit	140	145	140	140	140	145	140	155
Annuität pro ha	5,8 €	9,7 €	-0,7 €	4,8 €	7,8 €	8,8 €	1,9 €	3,8 €
Durchschnittlicher direktkostenfreier Erlös pro ha	74,7 €	77,2 €	66,6 €	72,2 €	79,2 €	79,2 €	72,7 €	72,7 €
durchschn. Abtriebswert pro ha	614 €	614 €	614 €	614 €	682 €	682 €	682 €	682 €
Anzahl der Durchforstungen	21	21	21	6	13	19	13	6
Perioden ohne Df.	1	1	1	16	8	4	8	19
Stärke der Durchforstung (mittlere Stammzahlentnahme in %) Alter 30-120	11,6%	14,1%	11,6%	12,3%	12,6%	13,1%	12,6%	13,0%
Stammzahl Alter 40	1440	1080	1440	1080	648	1079	648	1080
Stammzahl Alter 50	1300	815	1300	1080	583	797	583	1080
Stammzahl Alter 60	988	598	988	648	408	593	408	648
Stammzahl Alter 80	593	346	593	402	286	352	286	344
Stammzahl Alter 100	356	215	356	154	200	231	200	207
Stammzahl Alter 120	244	145	244	154	163	178	163	132
mittl. Durchmesser Alter 40 (cm)	14,2	15,4	14,2	15,4	16,3	15,4	16,3	15,4
mittl. Durchmesser Alter 50 (cm)	16,9	18,8	16,9	18,4	20,3	18,9	20,3	18,4
mittl. Durchmesser Alter 60 (cm)	19,3	22,2	19,3	21,8	24,1	22,3	24,1	21,8
mittl. Durchmesser Alter 80 (cm)	23,7	28,7	23,7	28,1	30,9	28,7	30,9	28,3
mittl. Durchmesser Alter 100 (cm)	28,5	35,0	28,5	35,6	36,9	34,8	36,9	34,7
mittl. Durchmesser Alter 120 (cm)	33,3	41,2	33,3	41,5	42,5	40,4	42,5	40,8
Bestockungsgrad Alter 40	0,90	0,79	0,90	0,79	0,53	0,79	0,53	0,79
Bestockungsgrad Alter 50	1,14	0,88	1,14	1,11	0,73	0,87	0,73	1,11
Bestockungsgrad Alter 60	1,11	0,89	1,11	0,93	0,72	0,89	0,72	0,93
Bestockungsgrad Alter 80	1,02	0,87	1,02	0,96	0,83	0,88	0,83	0,84
Bestockungsgrad Alter 100	0,90	0,82	0,90	0,61	0,85	0,87	0,85	0,77
Bestockungsgrad Alter 120	0,87	0,79	0,87	0,85	0,95	0,93	0,95	0,71

Je nach Ausgangskonstellation ergibt sich ein unterschiedlicher Spielraum für die Verbesserung der Annuität. Variante A eröffnet ein deutliches Potenzial für eine Effizienzsteigerung. Die höhere Bestockung wird gesenkt und im Fall der Durchforstung ohne Zusatzkosten des Eingriffs sogar die Umtriebszeit leicht erhöht. Die Optimierung verbessert sowohl die Annuität als auch den durchschnittlichen direktkostenfreien Erlös. Insgesamt ist damit zu jedem Zeitpunkt eine geringere Bestockung vorhanden (vgl. Abbildung 40), die aber infolge höherer Dimensionen wertvoller ist und so denselben Vorratswert gewährleistet. Interessant ist, dass die Zusatzkosten des Eingriffs zu einer geringeren Durchforstungsintensität führen. Dies wirkt sich insbesondere zu Beginn und am Ende aus. Die Hiebsruhe zu Beginn koinzidiert mit dem noch steigenden Wertzuwachs, die Hiebsruhe am Ende berücksichtigt die notwendige Wertleistung. Die starken Durchforstungen zuvor reduzieren die Bestockung bis auf ein Niveau, das den relativen Wertzuwachs über die Zinsforderung hebt.

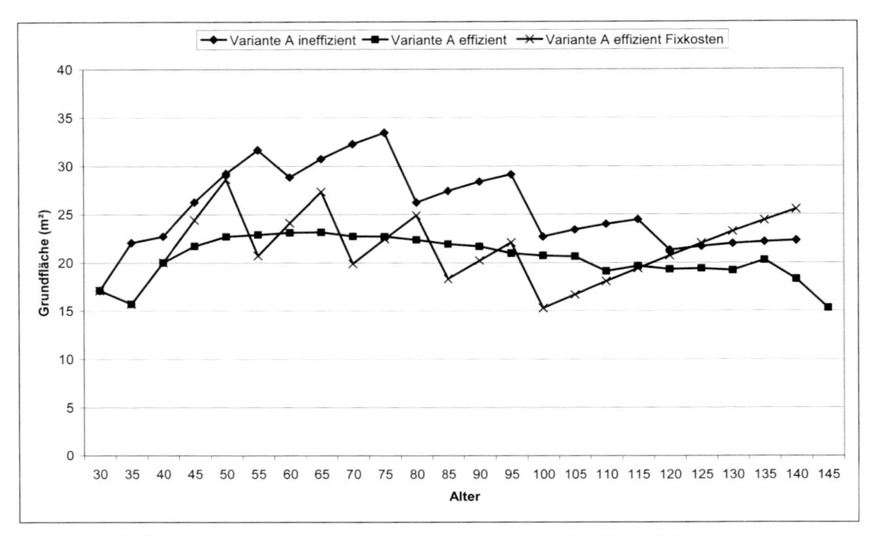

Abbildung 40: *Variante A – Grundflächen vor/ nach Optimierung der Kapitalallokation*

Variante B beinhaltet hingegen eine andere Ausgangskonstellation. Bei niedrigerer Ausgangsbestockung liegt nach Optimierung eine höhere Grundfläche vor. Da die durchschnittliche Wertleistung infolge der starken Durchforstungen zu Beginn bereits vergleichsweise hoch ist, kann die Optimierung offenbar nur die Annuität verbessern. Für eine Erhöhung des durchschnittlichen direktkostenfreien Erlöses eröffnet sich kein Spielraum, ohne die geforderte Grenzverzinsung zu unterschreiten.

Vor Kulmination des Wertzuwachses wird nach der Optimierung schwächer durchforstet. Auch in der zweiten Hälfte des Umtriebs sorgen vergleichsweise schwächere Durchforstungen für die notwendige Wertleistung. Wie aus Abbildung 41 zu entnehmen ist, steigt die Grundfläche deshalb deutlich an. Infolge der schwächeren Durchforstungen zu Beginn ergeben sich aber keine höheren Durchmesser, so dass eine vergleichsweise höhere Bestockung die Verluste an Wertleistung ausgleicht.

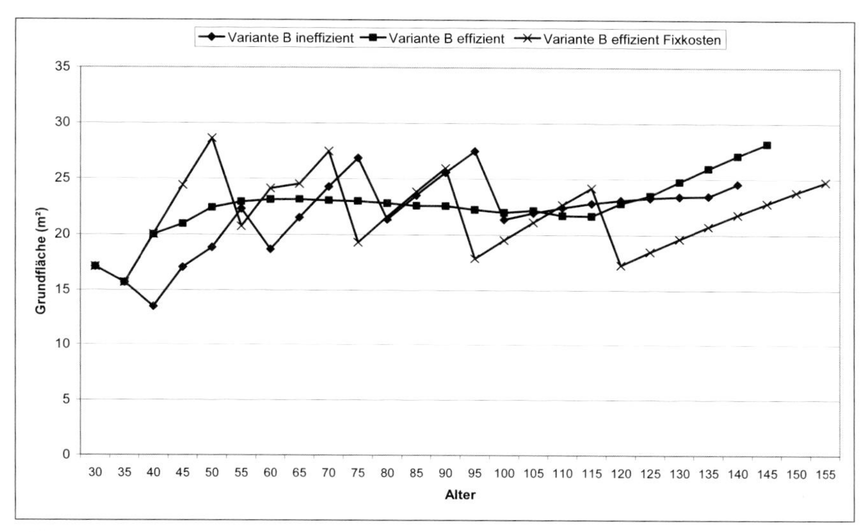

Abbildung 41: *Variante B – Grundflächen vor/ nach Optimierung der Kapitalallokation*

Diese Ergebnisse verdeutlichen, wie sich die Optimierung der Annuität unter ökonomischen Nachhaltigkeitsrestriktionen darstellt. Die Gewährleistung der geforderten Grenzrendite in den einzelnen Perioden führt zu einer Veränderung des Durchforstungsregimes. Es wird immer der Teil des Vorrats entnommen, der nicht die erforderliche Grenzverzinsung leistet. Dies führt dazu, dass in den ersten zwei Dritteln des Umtriebs nach der Optimierung bei beiden Varianten quasi gleichartig durchforstet wird.

Zum Ende bestimmen das Niveau des direktkostenfreien Erlöses und des Vorratswertes, wie viel Vorrat notwendig ist und wie lange die Umtriebszeit dauert (s. Tabelle 19). Je höher das Niveau des direktkostenfreien Erlöses und des Abtriebswertes vor der Optimierung, desto mehr Vorrat muss erhalten werden. Deshalb steigt die Umtriebszeit bei der Variante B an.

Die Ergebnisse dieses Abschnitts zeigen somit, wie die Erkenntnisse aus dem 3. Kapitel zur Anwendung gelangen können bzw. welche Hebel für eine verbesserte Kapitalallokation bestehen. Aus betrieblicher Sicht können diese Maßnahmen ohne weiteres umgesetzt werden, indem über die Zeit eines vollständigen Umtriebs die Bestände sukzessive genutzt und anschließend entsprechend der optimalen Lösung bewirtschaftet werden[23]. Ebenso ist es möglich, die laufende Bestandesbehandlung zu ändern. Dabei könnte eine Strategie mit künstlicher Verjüngung, aber auch eine Überführung in eine zweischichtige Wirtschaft umgesetzt werden.

Eine Änderung bzw. Optimierung der Bestandesbehandlung in existierenden Beständen zu modellieren, ist jedoch ungleich komplizierter, da je nach Ausgangskonstellation längere oder auch kürzere Überführungsphasen resultieren können. Bei der Optimierung müssen die Auswirkungen von Maßnahmen in den einzelnen Beständen auf die Betriebsklasse, d.h. im Hinblick auf den betrieblichen Zahlungsstrom und damit die betriebliche Liquidität, in Betracht gezogen werden (s. JACOBSEN, MÖHRING und WIPPERMANN 2003).

[23] Nicht betrachtet wird ein Baumartenwechsel. Bei der Kiefer käme aus betriebswirtschaftlicher Sicht insbesondere die Douglasie als Alternative in Frage, um die Rentabilität der Bodennutzung deutlich zu verbessern.

5 Diskussion

Die Untersuchung der Eigenschaften der Modelllösung hat gezeigt, wie aus dem Zusammenwirken von Wuchs- und Erlösmodell in Abhängigkeit von der Renditeforderung unterschiedliche optimale Durchforstungsstrategien und Umtriebszeiten resultieren. Dabei konnte für die ein- und zweischichtige Wirtschaft gezeigt werden, wie sich die Unterstellung einer alternativen Kapitalverwendungsmöglichkeit auswirkt. Die Optimierung der Kapitalallokation in einer vorhandenen Betriebsklasse hat schließlich verdeutlicht, wie bei einer nicht optimalen Ausgangskonstellation die Effizienz des Kapitaleinsatzes verbessert werden kann, indem die alternative Kapitalverwendung im Forstbetrieb berücksichtigt wird.

Insofern wird zunächst diskutiert, wie der Modellansatz im Kontext der vorhandenen Literatur zur Optimierung der Bestandesbehandlung zu sehen ist. Anschließend geht es um die Frage, welche Erkenntnisse aus den vorgestellten Ergebnissen für weitergehende Überlegungen zur optimalen Kapitalallokation im Forstbetrieb gewonnen werden können.

5.1 Wuchsmodell und Optimierungsverfahren

Basis aller simultanen Optimierungen von Durchforstung und Umtriebszeit sind geeignete Wuchsmodelle. Wie bereits vermerkt, bestimmen Verfügbarkeit und Untersuchungsziel den Einsatz von Wuchsmodellen in Optimierungskalkülen. Bei Verfolgung des Untersuchungsziels beschäftigt sich diese Untersuchung mit den qualitativen Effekten eines Rentabilitätsstrebens auf die optimale Bestandesbewirtschaftung. Da dieses Untersuchungsziel mit Hilfe der zugänglichen Einzelbaumsimulatoren in keinem sinnvollen Rahmen erreicht werden kann, erscheint im Sinne des Teleskopprinzips (v. Gadow 2003) die Verwendung eines vergleichsweise einfachen Bestandesmodells gerechtfertigt. So nutzt Meilby (2001) diesen Modellansatz ohne Berücksichtigung des dichteabhängigen Wachstums, um den komplexen Entscheidungsraum der simultanen Optimierung von Durchforstung und Umtriebszeit zu verdeutlichen.

Das verwendete Wuchsmodell ist in seiner Struktur mit dem von Hyyttiäinen und Tahvonen (2002, 2003) vergleichbar. Im Gegensatz zu dieser Studie wird dort angenommen, dass die Entnahme der Stämme gleichmäßig über alle Durchmesserstufen erfolgt. Die Durchforstung wird über den entnommenen Grundflächenanteil gesteuert, weil der mittlere ausscheidende wie der verbleibende Durchmesser identisch sind.

Der in dieser Studie gewählte Ansatz regelt die Durchforstungsstärke über die Anzahl der entnommenen Stämme und modelliert den Einfluss auf den mittleren Durchmesser. Die dafür notwendige Festlegung eines Durchmesserverhältnisses zwischen ausscheidendem und verbleibendem Bestand unterstellt dieselbe Veränderung der Stammzahlverteilung unabhängig von der Durchforstungsstärke. Jeder unterschiedlich starke Eingriff verändert indes die Durchmesserverteilung des verbleibenden Bestandes und damit das Zuwachspotential auf unterschiedliche Weise: Präziser wäre deshalb die Berechnung der Durchmesserverteilungen vor und nach der Durchforstung, wie sie bspw. SMALTSCHINSKI (a.a.O.) durchführt oder wie sie von ROISE und HAIGHT (1985) beschrieben werden. Eine derartige Formulierung ließe dann auch Aussagen zur Sortimentsverteilung zu (V. GADOW 2003). Zu überprüfen wäre, ob eine derartige Formulierung in Excel und mit den dafür zur Verfügung stehenden Optimierungsprogrammen zu realisieren ist.

Die Modellierung des dichteabhängigen Wachstums erfolgt mit Hilfe der sog. Zuwachsreduktionsfaktoren nach MEYER, deren diskrete Formulierung in eine kontinuierliche Formulierung gebracht wurde. Die zugrunde liegende Untersuchung datiert auf das Jahr 1976 und basiert auf Auswertungen ertragskundlicher Versuchsflächen. Die Güte der Anpassung und damit die Präzision dieser Faktoren kann nicht überprüft werden. Für die hier gewählte Modellformulierung stellen diese Eigenschaften der dichteabhängigen Reduktionsfunktion kein Problem dar – auch HYYTTIÄINEN UND TAHVONEN passen eine gegebene dichteabhängige Zuwachsfunktion dem Optimierungsmodell an.

Beim gegebenen Untersuchungsziel stellen die hier verwendeten Daten aus der Ertragstafel II. Ekl. starke Durchforstung (WIEDEMANN a.a.O.) ein geeignetes Maß für die Gesamtwuchsleistung dar; es gilt aber wie oben, dass eine Überprüfung bei weitergehender Verwendung notwendig wäre. Die Untersuchung von RÖHE (1995) zeigt beispielhaft, dass der Zuwachs der Kiefer im höheren Alter den der WIEDEMANNSCHEN Ertragstafel übersteigen kann.

Die verwendeten direktkostenfreien Erlöse berücksichtigen nur die Vermarktung von Industrieholz und Abschnitten, nicht jedoch die von Langholz. Sie spiegeln die Situation in Norddeutschland im Winter 2003/04 wider und umfassen allein mittlere bis hohe Erntemassen, die bei einer mechanisierten Durchforstung mittels Harvester anfallen würden. Damit sind keine Skaleneffekte in Abhängigkeit von der Erntemasse berücksichtigt. Dies beeinflusst die optimale Lösung, weil auch Durchforstungen mit geringerem Massenanfall denselben erntekostenfreien Erlös je Efm erzielen wie große Massenanfälle. Dieser Effekt, den bspw. CLARK auf analytischem (1976, S. 126) und SOLBERG UND HAIGHT mittels eines Optimierungsmodells (1991) explizit untersuchen, kann durch getrennte Berechnung von variablen und fixen Anteilen bei Erlösen und Erntekosten berücksichtigt werden (s. bspw. HYTTIÄINEN UND TAHVONEN 2003 oder GONG 1995). Je größer der Kostenunterschied zwischen Durchforstung und Kahlschlag, desto weniger stark wird (zu späteren Zeitpunkten) durchforstet. Aus analytischer Sicht stellt die Endnutzung nämlich eine Durchforstung höchstmöglicher Stärke dar.

Die Einbeziehung von Fixkosten der Durchforstung reduziert die Zahl der Eingriffe deutlich, weil nun eine Gewichtung zugunsten der Endnutzung erfolgt. Analog zu der Studie von HYTTIÄINEN UND TAHVONEN geht die Zahl der Durchforstungen um nahezu zwei Drittel zurück und vor Ende des Umtriebs wird über einen längeren Zeitraum nicht mehr durchforstet. Die aus der forstlichen Praxis bekannte Hiebsruhe findet sich damit wieder, und zwar allein durch ökonomische Erfordernisse ausgelöst.

Die Formulierung und Optimierung des Modells erfolgte in MS-Excel mit Hilfe des Programmpaketes Premium Solver Platform (FRONTLINE SYSTEMS 2004). Die in Excel übliche diskrete Darstellung erlaubt die Entwicklung des Modells in fünfjährigen Perioden. Der Optimierungsalgorithmus berücksichtigt die diskrete Formulierung und wandelt sie in eine kontinuierliche um. In der bekannten Literatur werden dynamische Programmierung, nichtlineare Optimierung und heuristische Verfahren wie Tabu Search verwendet, um die Bestandesbehandlung zu optimieren. Die hier gewählte

Formulierung entspricht der Optimalen Kontrolltheorie, da sowohl Zustands- als auch Steuerungsvariablen verwendet werden (VALSTA 1993).

Es bleibt unabhängig von der gewählten Optimierungsmethode und des eingesetzten Wuchsmodells zentrales Problem, das globale Optimum zu finden (vgl. VALSTA 1993). Um dieses Problem zu berücksichtigen, wurde auf Basis unterschiedlicher Ausgangsszenarien optimiert. Alle einfließenden Funktionen haben linearen oder nichtlinearen Charakter und sind stetig. Dies gilt nicht für die Bestimmung des Endnutzungszeitpunktes. Hier muss eine "wenn-dann" Beziehung formuliert werden, um den durch die Endnutzung ausgelösten Zahlungsstrom berechnen zu können. Der verwendete Solver erkennt dieses Problem, so dass auf Basis der verwendeten Version ein stabiles Ergebnis berechnet werden konnte.

Die Formulierung des Modells für die Naturverjüngungswirtschaft erfolgt ebenfalls in Excel. Wie bereits beschrieben, ist es notwendig, weitere "wenn-dann" Beziehungen in das Modell einzubauen, um sowohl Zeitpunkt der Auflichtung als auch optimales Ende der Schirmwuchsphase bestimmen zu können. Insbesondere bei einer Zinsforderung von 0% ist es nicht möglich gewesen, Auflichtungszeitpunkt und Ende der Schirmwuchsphase simultan zu optimieren. Die in einem Zwischenschritt zu berechnenden Erwartungswerte sind bei 0% sehr groß; dies erschwert die Suche nach dem globalen Maximum. Vor dem Ziel der Untersuchung könnten diese Abweichungen zwar toleriert werden, dennoch ist anstelle eines offenen ein fester zeitlicher Rahmen für die Schirmwuchsphase festgelegt worden. Zu überprüfen wäre, ob mit Hilfe besonderer Optimierungsalgorithmen, die als Ergänzung zur PREMIUM SOLVER PLATFORM angeboten werden, stabile Ergebnisse gefunden werden können.

In der Literatur findet sich zu diesem Problem nur ein alternativer Ansatz. Das Modell von ZHOU (1999) optimiert den Zyklus auf Basis einer fixierten Ausgangskonstellation. Da für die Naturverjüngungswirtschaft ein Ausgangsbestand benötigt wird, ist es aber von Bedeutung, den Ausgangsbestand innerhalb des Zyklus ebenfalls zu betrachten und den notwendigen Kapitaleinsatz zu optimieren.

Die Verwendung des sog. Fischereimodells ist ein alternativer Ansatz, um die Frage der Kapitalallokation zu untersuchen (BORCHERT 2000). Dieses Modell wurde für Untersuchungen auf Betriebsebene konzipiert. Als Nachteil dieses Ansatzes wird gesehen, nicht untersuchen zu können, wie sich die optimale Bestandesbehandlung in den einzelnen Alterklassen darstellt. Der zwischen Begründung und Ernte liegende Zeitraum mit Durchforstungen unterschiedlicher Intensität und Stärke wird in seiner Bedeutung weniger deutlich, da immer ein Betrieb in Summe betrachtet wird. Dies gilt auch für die Untersuchungen von MANZ (1987) und HOFSTAD (1994), die am Beispiel der Schweiz bzw. Norwegens die optimale Kapitalintensität auf nationaler Ebene untersuchen. Im Falle von Überlegungen zur optimalen Kapitalallokation auf Betriebsebene und bei vorhandenen Strukturen kann andererseits aber untersucht werden, wie sich eine unterschiedliche Betriebssteuerung auf die Kapitalallokation und die Rentabilität auswirkt. Es wird unmittelbar deutlich, welchen Beitrag eine im Betrieb zusätzlich vorhandene Vorratseinheit bei unterstellter Kapitalknappheit leistet, ähnlich den Ergebnissen aus Kapitel 3.2. zum optimalen Faktoreinsatz.

Infolge des langen Produktionszeitraumes beeinflussen Risiko und Unsicherheit alles forstliche Wirtschaften in besonderer Weise. Während das Risiko in seinem Ausmaß bekannt bzw. durch historische Erfahrung eingeschätzt werden kann, herrscht bspw. Unsicherheit hinsichtlich der Entwicklung der Holzmärkte, aber auch in Bezug auf die Wuchsbedingungen infolge klimatischer Veränderungen. Maßnahmen auf Bestandes- und Betriebsebene müssen Risiko wie Unsicherheit in Betracht ziehen – je länger der betrachtete Zeitraum, desto weniger verlässliche Aussagen lassen sich treffen (BRÄUNIG UND DIETER 1999, KNOKE UND PLUSCYK 2001).

Diese Studie berücksichtigt nicht, wie sich die Veränderung der Bestandesdichte z.B. auf das Risiko von Schneebruch oder Windwurf auswirkt. Im Zusammenhang mit der Frage nach der optimalen Ausgangsstammzahl wäre dieser Aspekt zu überprüfen, wobei der Mangel an Kenntnissen, die in eine funktionale Formulierung einfließen können, ein großes praktisches Problem darstellt. Ebenso wäre von Interesse, wie sich optimale Strategien bei schwankenden Holzerlösen darstellen. Dabei geht es sowohl um eine antizipative Optimierung, die auf Basis angenommener Holzerlösverteilungen funktioniert, als auch um eine adaptive Optimierung, die den jeweils vorhandenen Informationen Rechnung trägt (vgl. GONG 1997).

5.2 Ergebnisse

5.2.1 Optimierung der Umtriebszeit

Die Ergebnisse zur Optimierung der Umtriebszeit entsprechen den theoretischen Ableitungen in der vorliegenden forstökonomischen Literatur. Der ökonomisch optimale Einschlagszeitpunkt ist dann erreicht, wenn der Grenzertrag als Differenz von laufendem Wertzuwachs und Kapitalkosten die durchschnittliche Annuität (Bodenbruttorente) unterschreitet, d.h. der Nutzen aus dem nachfolgenden Bestand den des heutigen Bestandes überschreitet. Die Verwendung der Annuität als Maß für den jährlichen Vorteil bietet dabei den Vorteil, den Effekt des Zinsfußes auf das Ergebnis zeigen zu können, weil sich die Annuität bei 0% Zinsforderung in den Brutto-Waldreinertrag (vor Abzug der Verwaltungskosten) überführen lässt. Dieser wird in den mitteleuropäischen Untersuchungen in der Regel verwendet, um die ökonomische Vorteilhaftigkeit zu dokumentieren.

Es sei darauf hingewiesen, dass sich die vergleichsweise langen Umtriebe und die niedrige Rentabilität gegenseitig bedingen. Den größten Einfluss nehmen der Aufwand für Kultur- und Jungbestandspflege sowie Läuterung. Im Vergleich zur wenig beeinflussbaren Entwicklung der Holzerlöse bietet sich hier der entscheidende Hebel, um die Rentabilität zu verbessern. Das Modell spiegelt insofern Überlegungen der forstlichen Praxis wider (z.B. HUSS 1982 und 1996, sowie FRANZ 1982).

5.2.2 Erlösmodell und Zinsforderung

Die beobachteten Unterschiede zwischen den optimalen Durchforstungsstrategien in Abhängigkeit von der Zinsforderung finden sich auch in den Untersuchungen von HYYTIÄNEN UND TAHVONEN (2002 und 2003). Nach Kulmination des Volumenzuwachses geht die Bestockung deutlich zurück, wenn die Zinsforderung steigt. RIITTERS UND BRODIE (1984) finden ebenfalls einen derartigen Zusammenhang zwischen Zinsforderung und Bestandesvolumen.

In dieser Untersuchung erlauben die Eingriffe zu Beginn den mittleren Durchmesser zu vergrößern, ohne dass es zu starken Zuwachsverlusten kommt – es ist immer ein Lichtungszuwachs zu verzeichnen. VALSTA (1993), der diesen Durchmessereffekt ebenfalls berücksichtigt, findet für die Halbschattbaumart Fichte bspw. zunächst hochdurchforstungsartige Eingriffe optimal (1992). HAIGHT, BRODIE UND DAHMS (1985) variieren das Durchmesserverhältnis zwischen ausscheidendem und Gesamtbestand. Die Autoren zeigen, dass bei positivem Erlösgradienten im Alter 30 zunächst ein schwacher niederdurchforstungsartiger Eingriff vorteilhaft ist (Durchmesserverhältnis 0,64). Die Eingriffstärke steigt mit dem Alter deutlich an und das Durchmesserverhältnis liegt schließlich durchschnittlich über 1,05. Diese Untersuchung gilt *Pinus ponderosa* also ebenfalls einer Lichtbaumart. Für 0% Zinsforderung sind keine Ergebnisse dokumentiert.

In diesem Zusammenhang ergibt sich auch die Frage nach der Art der Durchforstung. Unterstellt werden niederdurchforstungsartige Eingriffe, die zu einer rechnerischen Erhöhung des mittleren Durchmessers führen. Mit dem gewählten Modell sind infolge der nicht berücksichtigten Durchmesserverteilung nur sehr eingeschränkte Aussagen über die optimale Durchforstungsart möglich. In Abhängigkeit vom Erlösmodell kann ein positiver Effekt aus einem unterschiedlichen Durchmesserverhältnis resultieren, z.B. je flacher die Erlöskurve im höheren Alter, desto wichtiger ist die Frage, welche Stämme zuerst entnommen werden sollten. Außerdem wird nicht berücksichtigt, dass Durchforstungen nicht nur über die Steuerung des Volumenzuwachses sondern auch über die Entnahme von Stämmen schlechterer Qualität den Wertzuwachs beeinflussen können. In der vorhandenen Literatur finden sich nur wenige Studien, die auch die Art der Durchforstung optimieren. VALSTAS' (1993) Ansatz mit Hilfe eines Einzelbaumsimulators ist sicherlich der Erfolg versprechende Weg, indes dürfte auch die Einbeziehung von Durchmesserverteilungen bereits eine Aussage zu diesem Problem ermöglichen.

Die Betrachtungen zur Optimalität der Lösungen haben gezeigt, dass bei einer optimalen Lösung in den einzelnen Perioden die geforderte Grenzverzinsung eingehalten werden muss. Dies impliziert einen optimalen Faktoreinsatz – die Beträge der marginalen Änderung des relativen Volumenzuwachses und der marginalen Änderung des relativen Wertzuwachses müssen einander entsprechen (LOHMANDER 1992). In den vorgestellten Aufsätzen werden in diesem Zusammenhang nur bei BRODIE UND KAO (1978) ähnliche Überlegungen präsentiert.

Der Einfluss des Erlösmodells wird in der bekannten Literatur in ähnlicher Weise untersucht. Zum einen wird in den theoretisch motivierten Aufsätzen der Unterschied zwischen vom Durchmesser positiv abhängigen und unabhängigen (fixen) Erlösen herausgearbeitet (CLARK 1976, S. 128; LOHMANDER 1992). Diese analytischen Lösungen korrespondieren mit den in dieser Studie gemachten Beobachtungen. Bei fixem Erlös spielt die optimale Massenleistung die entscheidende Rolle, bei durchmesserabhängigem Erlös bestimmt die Form der Erlösfunktion die Eigenschaften der Modelllösung. Bei sich unterscheidenden Kosten für Durchforstung und Ernte kommt es zu den auch in dieser Untersuchung beobachteten Eingriffen unterschiedlicher Stärke und Intensität. Auch in den bekannten Studien, welche die Bestandesbehandlung anhand eines Wuchsmodells optimieren, wird teilweise der Einfluss unterschiedlicher Erlösmodelle untersucht, so z.B. in den Studien von BRODIE UND KAO (1979), HAIGHT, BRODIE UND DAHMS (1985) sowie CAULFIELD, SOUTH UND SOMERS (1990). Die Ergebnisse von BRODIE UND KAO korrespondieren mit den vorgestellten Resultaten. Bei einer Zinsrate von 3% wird bei konstantem Netto-Holzerlös die kürzeste Umtriebszeit erreicht. Bei durchmesserabhängigem Erlös nimmt die Umtriebszeit dann zu, wenn auch bei höheren Durchmessern noch ein Erlöszuwachs zu erwarten ist. Bei einer Preiskappung wird insgesamt vergleichsweise schwächer durchforstet als bei kontinuierlich ansteigendem Erlös. Bei HAIGHT, BRODIE UND DAHMS ergeben sich bei fixem Erlös und einer 0%-Zinsforderung längere Umtriebszeiten und eine vergleichsweise höhere Bestockung als bei einer Zinsforderung von 3%. HAIGHT untersucht Ponderosa Pine, BRODIE und KAO optimieren die Bewirtschaftung der Douglasie.

Betrachtet man den Effekt des Zeithorizontes auf die Optimierungsergebnisse, so wird deutlich, wieso sich vor Kulmination des Wertzuwachses unterschiedliche optimale Strategien ergeben. Die Zahl der möglichen Pfade wird durch die Vorgabe des Durchmesserverhältnisses beeinflusst. Die bei unterschiedlichen Konstellationen und

Preismodellen sich wiederholenden Unterschiede zwischen den einzelnen Varianten lassen indes darauf schließen, dass sich die vereinfachte Formulierung nicht nachteilig auswirkt.

Eine sinkende Ausgangsstammzahl wirkt sich positiv auf den direktkostenfreien Erlös aus. CAULFIELD, SOUTH UND SOMERS (1990) finden für Loblolly Pine ebenfalls einen positiven Effekt einer niedrigen Ausgangsstammzahl auf den Bodenertragswert bei positiven Erlösgradienten. Dabei wird angenommen, dass nicht geläutert werden muss. Der Effekt der Läuterung ist hier nur exemplarisch diskutiert worden – sicherlich müssen Stammzahl und Läuterung aufeinander abgestimmt sein, wenn der Effekt genauer untersucht werden soll. Bei gegebener Stammzahl und einer anstehenden Entscheidung sollte indes berücksichtigt werden, dass eine Läuterung eine Investition darstellt, die sich je nach alternativer Kapitalverwendungsmöglichkeit nur in einem gewissen Rahmen lohnen wird. Auf diese Tatsache weisen auch BRODIE und KAO hin. Ihre Untersuchung startet ebenfalls im Alter 30: es ist für alle Varianten am vorteilhaftesten, mit der niedrigstmöglichen Ausgangsstammzahl, also nach einer Läuterung, zu starten. Der ausgelöste Zuwachseffekt lässt diese Maßnahme vorteilhaft erscheinen. Die Autoren geben aber zu bedenken, dass diese Maßnahme bei höheren Kosten entfallen würde bzw. es von den Präferenzen des Entscheidungsträgers abhinge, ob eine derartige Investition in den zukünftigen Bestand überhaupt getätigt werden sollte. Während HYYTIÄNEN UND TAHVONEN in ihrer Untersuchung diese Frage ausblenden, kommen bspw. SOLBERG UND HAIGHT (1991), GONG 1995, sowie CAULFIELD, SOUTH UND SOMERS (1990) zur gleichen Aussage bezüglich der Ausgangsstammzahl. Je niedriger die Ausgangsstammzahl, desto höher ist die Wertleistung der Bestände. Interessant ist in diesem Zusammenhang, dass ZHOU bei seiner Untersuchung unter schwedischen Verhältnissen von nur 2000 Stämmen bei der Begründung, dafür aber 700 Stämmen bei der Ernte ausgeht. In jener Studie untersucht er den Effekt der Bestandesdichte auf die Holzqualität, ein Aspekt, der in dieser Untersuchung nicht berücksichtigt werden konnte. Da dieser Zusammenhang zwischen Stammzahl und Holzqualität für die forstliche Praxis von großer Wichtigkeit ist, sind die Modellergebnisse vor dieser Zielsetzung nur bedingt übertragbar.

5.2.3 Naturverjüngungswirtschaft

Die Untersuchung kahlschlagsfreier waldbaulicher Systeme ist komplex, weil ein zyklisches System vorliegt, bei dem sich Phasen ein- und zweischichtigen Bestandeswachstums abwechseln. Mit Hilfe des hier gewählten Ansatzes ist es nur möglich, reproduzierbare Ergebnisse zu erhalten, wenn der Zeitraum der Schirmwuchsphase vor der Optimierung festgelegt wird. Der Zeitpunkt der Auflichtung und die Länge des zweistufigen Wachstums bestimmen den zukünftigen Wertzuwachs – die Programmierung dieses Zusammenhanges erfordert nichtkontinuierliche "wenn-dann" Beziehungen, die eine nichtlineare Optimierung streng genommen unmöglich machen. Der Ansatz von ZHOU, einen vorhandenen Bestand aufzulichten und die anschließende Bestandesbehandlung bis zur erneuten Auflichtung nach gleichem Schema zu optimieren, berücksichtigt diese Schwierigkeit. Die Optimierung wird vereinfacht, indem ein Ausgangszustand festgelegt wird. In dieser Untersuchung wird auch der Ausgangszustand in die Optimierung einbezogen und somit der waldbauliche Zyklus und die damit verbundene Kapitalintensität optimiert. Der gewählte Ansatz von HOLTEN-ANDERSEN (1986) gewährleistet dies.

Ein Vergleich mit Bodenertragswerten ist möglich, wenn der Netto-Erwartungswert bzw. die Annuität berechnet werden. Bei einer Überführung muss aber zusätzlich berücksichtigt werden, dass ein Ausgangsbestand in das zyklische System überführt werden muss. Diese Überführung wurde hier ausgeblendet, um die grundsätzlichen Auswirkungen der Rentabilitätsforderung zu zeigen, sie spielt aber aus praktischer Sicht ein wichtige Rolle, wenn es darum geht, die möglichen Effizienzgewinne zu untersuchen (JACOBSEN, MÖHRING UND WIPPERMANN 2003).

ZHOUS' (a.a.O.) Ergebnisse zeigen ebenfalls, dass die Länge der Schirmwuchsphase von der Zinsforderung abhängt. Zusätzlich berücksichtigt er den Effekt der Dichte der Naturverjüngung. In der hier formulierten Untersuchung wäre eine höhere Stammzahl im Oberstand vorteilhaft, weil die Produktivität ansteigen würde. ZHOU hingegen zeigt, dass eine höhere Dichte zwar zunächst zu einer dichteren Bestockung der Naturverjüngung, anschließend aber zu einer Wuchsverzögerung führen kann. Insofern reduzieren eine möglichst niedrige Stammzahl im Oberstand sowie eine kurze Schirmwuchsphase den Läuterungsaufwand und verbessern die Wuchsleistung der neuen Generation. Der unterstellte vierzigjährige Überschirmungszeitraum könnte somit zu lang sein.

5.2.4 Optimale Kapitalallokation im Forstbetrieb

Überlegungen zur optimalen Bestandesbehandlung betreffen die Frage nach der optimalen Kapitalallokation im Forstbetrieb. Nachdem die vorliegende Studie zunächst nur unter Vorgabe einer unterschiedlich hohen Zinsforderung formuliert hat, welches Ziel der Kapitaleinsatz erfüllen sollte, wird untersucht, wie sich auf Basis einer forstbetrieblichen Ausgangskonstellation die Effizienz des Kapitaleinsatzes verbessern lässt. Dabei wird analog zu den Untersuchungen MÖHRINGS (1994, S.127 ff.) unterstellt, dass die vorhandenen Kapitalmittel im Forstbetrieb knapp sind und ihrer besten Verwendung zugeführt werden sollen. Dies entspricht dem Konzept der effizienten Kapitalallokation, die sich aus der Forderung nach Erhalt des Erfolgskapitals ergibt (WOHLERT 1992).

Möglichkeiten zur Effizienzsteigerung ergeben sich je nach Ausgangssituation durch Absenkung oder Erhöhung der Stammzahl. Die von MÖHRING (a.a.O.) am Beispiel der Fichte dargestellten Vorteile stärkerer Eingriffe in älteren Beständen zeigen sich auch in dieser Untersuchung. Eine Absenkung der Bestandesdichte führt zu einem verbesserten relativen Wertzuwachs, ein Rückgang der Flächenproduktivität wird durch vermehrte Wertleistung des verbleibenden Bestandes und eine mögliche Umtriebszeitverlängerung ausgeglichen.

In den Beständen, die noch nicht den höchsten Wertzuwachs erreicht haben, ergeben sich je nach Zinsforderung unterschiedliche optimale Durchforstungspfade. Es ist deutlich geworden, dass hier eine Marginalanalyse anhand des Wertzuwachsprozentes nicht der richtige Maßstab ist. Bei simultaner Optimierung ergibt sich je nach Zinsforderung ein unterschiedliches Regime und das laufende Wertzuwachsprozent ist vor Kulmination des Wertzuwachses kein geeignetes Kriterium, um einen Eingriff zu bewerten.

Das vorteilhafte Regime bei 0%- Zinsforderung lässt sich mit einem Z-Baum Konzept vergleichen. Angesichts knapper finanzieller Ressourcen ist jedoch zu hinterfragen, ob die Durchforstungsmodelle, die auf eine zügige Stammzahlabsenkung vor Kulmination des Wertzuwachses zielen, nicht zu einer ungünstigen Re-Allokation des Kapitals führen, weil sie eine vergleichsweise niedrige Grenzverzinsung des eingesetzten Kapitals unterstellen. Umgekehrt kann man damit behaupten, dass in der forstlichen Praxis der Knappheit des Kapitals Rechnung getragen wird, wenn in jungen Beständen weniger stark und in Altbeständen stärker eingegriffen wird, als es die zinsfreien Modelle unterstellen.

Mögliche Entwicklungen werden auf Basis der aktuellen Situation sowie von Erfahrungen antizipiert und in das Kalkül miteinbezogen. Aufgrund der langfristigen Zeiträume wird es jedoch immer wieder zu Abweichungen von dem einstmals konzipierten Produktionsprogramm kommen. Änderungen der Holzmärkte oder der Wuchsbedingungen wie auch Auswirkungen von Kalamitäten erfordern die adaptive Anpassung an die aktuellen Bedingungen. Dies wird besonders deutlich am Beispiel der Diskussion um die Produktion von Starkholz. Grundsätzlich ist stärker dimensioniertes und qualitativ hochwertiges Holz bislang immer wertvoller gewesen, doch können sich im Laufe des Produktionsprozesses Änderungen auf der Nachfrageseite ergeben, die nur unvollständig antizipiert werden können. Insofern gilt es, bei waldbaulichen Entscheidungen zu berücksichtigen, wie sehr eine Entscheidung zu irreversiblen Entwicklungen führt und damit möglicherweise das Nutzungspotential und die Wertentwicklung des Bestandes unter den erwarteten Möglichkeiten bleiben.

Auch wenn keine Wertholzproduktion unterstellt wird, ergeben sich verhältnismäßig lange Umtriebszeiten. Eine Absenkung der Ausgangsstammzahl ist die geeignete Maßnahme, den Umtrieb zu verkürzen. Die beispielhafte Untersuchung der unterschiedlichen Ausgangspflanzenzahlen zeigt aber auch, dass nicht unbedingt eine sehr starke Stammzahlabsenkung ökonomisch vorteilhaft ist, wenn diese einen hohen Aufwand bedeutet und die vorhandenen Mittel knapp sind. Vielmehr sollte bereits mit einer geringeren Ausgangsstammzahl begonnen werden.

6 Wertung und Ausblick

Zu fällen einen schönen Baum,
braucht's eine halbe Stunde kaum,
zu wachsen, bis man ihn bewundert,
braucht er, bedenkt es, ein Jahrhundert!
EUGEN ROTH

Die Diskussion um die 'richtige' Kapitalallokation im Forstbetrieb wird aufgrund unterschiedlicher Zielsetzungen der Waldeigentümer und sich ändernder wirtschaftlicher Rahmenbedingungen weiter bestehen bleiben. Ein waldbauliches Konzept, das für eine Idealkonstellation entwickelt wurde, kann nur eine Leitlinie sein. Dies gilt auch für die optimalen Lösungen aus Kapitel 3, die implizieren, dass zum Zeitpunkt der Bestandesbegründung die aus ökonomischer Sicht richtige Bestandesbehandlung bestimmt werden kann. Ganz abgesehen von den Unwägbarkeiten des langen Produktionszeitraums, gibt es aus betriebswirtschaftlicher Sicht *die* ökonomisch optimale Lösung nicht. Vielmehr werden sich im betrieblichen Kontext jeweils unterschiedliche Restriktionen ergeben, welche den Rahmen für die Verbesserung der Wirtschaftlichkeit setzen. Somit liegt kein Vorteilhaftigkeitsproblem vor, sondern es ergibt sich ein Wahlproblem – „die Entscheidung für eine Verwendung beinhaltet gleichzeitig die Entscheidung gegen eine andere Verwendung“ (MÖHRING 1994, S. 29). Die Analyse in Kapitel 4 hat dies verdeutlicht.

Die Kenntnis der qualitativen Eigenschaften ökonomisch optimaler Lösungen ermöglicht somit, waldbauliche Strategien aus betriebswirtschaftlicher Sicht zu bewerten. In dieser Untersuchung sind folgende qualitativen Erkenntnisse zur Ökonomie des Bestandesbehandlungsproblems entwickelt worden:

- Mit steigender Zinsforderung erhöht sich die ökonomisch optimale Grundflächenhaltung in den Jungbeständen (vor Kulmination des Wertzuwachses) während sie in den Altbeständen zurückgeht. Starke Durchforstungsmaßnahmen in jungen Beständen lohnen – vor Kulmination des Wertzuwachses – nicht, weil in der Phase der höchsten Verzinsung des eingesetzten Kapitals Vorrat entnommen werden müsste, dessen vorerst weiterer Verbleib im Bestand lukrativer wäre. Hingegen rentieren sich stärkere Eingriffe in älteren Beständen, weil die absolute Wertleistung bei zunehmenden Kapitalkosten zurückgeht. Diese Erkenntnis gilt für Bestandeswirtschaft mit künstlicher Verjüngung wie für die Naturverjüngungswirtschaft.

- Die Erkenntnisse zur ökonomisch optimalen Grundflächenhaltung lassen sich auf existierende betriebliche Konstellationen übertragen. Es wird deutlich, welche Hebel bestehen, um die Effizienz des Kapitaleinsatzes zu verbessern, ohne die betriebliche Nachhaltigkeit zu schmälern. So ist es aus ökonomischer Sicht wenig sinnvoll, in vorratsreichen Forstbetrieben eine Maximierung der Annuität anzustreben – die Überführung mittels einer neuen Bestandesbehandlungsstrategie würde zu einem Kapitalverzehr führen. Umgekehrt macht es wenig Sinn, in vorratsärmeren Betrieben Vorrat aufzubauen, der sich zwangsläufig schlechter verzinsen wird. Wichtig ist vielmehr, die Ausgangssituation zu analysieren, um die vorhandenen Möglichkeiten im Spannungsfeld von Effizienzforderung an den Kapitaleinsatz und Gewährleistung eines möglichst hohen durchschnittlichen direktkostenfreien Erlöses ausnutzen zu können.

- Angesichts der langen Produktionszeiträume spielt der unterstellte positive Zusammenhang zwischen Durchmesser und erntekostenfreiem Erlös eine entscheidende Rolle bei der Diskussion der optimalen Bestandesbehandlung. Je niedriger die Erlöszunahme im höheren Durchmesserbereich, desto weniger lohnen starke Eingriffe in der Phase vor der Kulmination des Wertzuwachses. Dies gilt unabhängig von der Höhe der Zinsforderung.

- Die qualitativen Unterschiede zwischen den Bestandesbehandlungsvarianten in Abhängigkeit von der Zinsforderung bleiben auch bestehen, wenn die einfließenden ökonomischen Parameter in ihrem Niveau verändert werden. Ein verändertes Niveau von Kulturkosten oder Holzerlösen beeinflusst zwar die Rentabilität – der optimale Pfad des Durchforstungsregimes, der durch das nicht-lineare Zusammenspiel von Volumenzuwachs und Erlösgradient bestimmt wird, ändert sich nicht. Die zu gewährleistende Grenzverzinsung bestimmt die jeweils optimalen Durchforstungen während des Umtriebs, während Niveau der Holzerlöse und Kulturkosten die Wirtschaftlichkeit insgesamt (über die Opportunitätskosten der Bodennutzung) beeinflussen.

Diese Studie hat sich der Frage nach der optimalen Bestandesbehandlung auf abstraktem Niveau genähert. Zukünftiger Forschungsbedarf ergibt sich deshalb insbesondere bei der Untersuchung von Fragen, welche forstpraktische Relevanz die hier beschriebenen Zusammenhänge haben. Die Verwendung von erweiterten Bestandeswuchsmodellen könnte dabei nützlich sein.

- Hinsichtlich der Art der Bestandesbegründung und –pflege wird nur ein kleiner Ausschnitt der Möglichkeiten betrachtet. Welche Maßnahmen grundsätzlich die Rentabilität fördern, haben verschiedene Autoren aus waldbaulich-ertragskundlicher Sicht beschrieben. Mit Hilfe eines geeigneten Optimierungsmodells könnte weitergehend untersucht werden, wie sich ökonomische und waldbaulich-ertragskundliche Ziele in der Phase nicht kostendeckender Durchforstungen vereinbaren lassen.

- Zur Art der Durchforstung liegt eine Vielzahl von Studien vor. Hier ist von besonderem Interesse zu untersuchen, welche Durchforstungsart je nach Bestandesalter, Holzerlösfunktion und vor dem Hintergrund der Kapitalknappheit vorteilhaft ist. Mittels eines Durchmesserklassenmodells oder eines Einzelbaummodells ließen sich hier neue Erkenntnisse gewinnen.

- Daneben interessiert auch, wie sehr sich Kosteneffekte aus waldbaulichen Maßnahmen ergeben. Dabei geht es vor allem um die Frage der Einbeziehung von Aspekten der Bestandesstabilität (Beeinflussung des H/D-Verhältnisses und Kronenentwicklung) bei der Durchforstungsoptimierung. Schließlich ist von besonderem Interesse, welche Durchforstungsstrategie vorteilhaft ist, wenn Effekte auf die Holzqualität berücksichtigt werden sollen.

- Die oben beschriebenen Fragestellungen betreffen nicht nur die Bestandeswirtschaft mit künstlicher Verjüngung. Die zweistufige Wirtschaft stellt bei der Kiefer wie auch bei den anderen Hauptbaumarten ein bislang kaum untersuchtes Feld dar. Angesichts der zunehmenden Bedeutung der Naturverjüngungswirtschaft ergibt sich weiterer Forschungsbedarf. Eine simultane Optimierung von Produktionszyklus und Länge der Schirmwuchsphase würde ermöglichen, die Interaktion zwischen Oberstand und Naturverjüngung aus ökonomischer Sicht weitergehend zu untersuchen. Gleiches gilt für die Frage nach einer optimalen Überführung in die Naturverjüngungswirtschaft.

- Nicht berücksichtigt werden in dieser Untersuchung Risiko und Unsicherheit. Angesichts der Langfristigkeit forstlichen Wirtschaftens spielen diese Faktoren eine besondere Rolle bei der forstbetrieblichen Entscheidungsfindung. Bspw. würden die Einbeziehung von schwankenden Holzpreisen oder unsicherem Wachstum in eine Optimierung von Durchforstungen und Umtriebszeit relevante Erweiterungen des verwendeten Modellansatzes darstellen.

Die Kenntnis der ökonomischen Zusammenhänge, wie sie in dieser und anderen Studien dargestellt werden, kann die forstbetriebliche Entscheidungsfindung verbessern. Angesichts der Langfristigkeit forstlichen Wirtschaftens und der daraus resultierenden Notwendigkeit zur adaptiven Entscheidungsfindung bleibt ein weiterer Erkenntnisfortschritt wünschenswert, um bei der Bestandesbehandlung forstökonomische Aspekte möglichst umfassend berücksichtigen zu können.

7 Zusammenfassung

Die ökonomische Optimierung von Durchforstungen und Umtriebszeit ist ein komplexes Problem. In den bekannten forstökonomischen Studien zu diesem Thema werden meist spezifische Fragestellungen in den Vordergrund gestellt – die qualitativen Eigenschaften der je nach wirtschaftlicher Zielsetzung unterschiedlichen optimalen Lösungen treten dagegen zurück. Dies gilt für die Fragestellung nach dem Einfluss der Höhe des verwendeten Zinsfußes auf die optimale Bestandesbehandlung ebenso wie für die Sensitivitäten der optimalen Lösungen für Veränderungen der wichtigsten Eingangsparameter.

Ziel der Arbeit ist deshalb, anhand eines Bestandeswuchsmodells für die Kiefer (*Pinus silvestris*, Lin.), welches die alters- und dichteabhängige Zuwachsreaktion abbilden kann, die ökonomischen Eigenschaften des Bestandesbehandlungsproblems zu untersuchen. Die Kiefer steht dabei besonders exemplarisch für die aus theoretischer und praktischer Sicht relevante Frage, welche Aspekte beachtet werden müssen, wenn alternative Bestandesbehandlungsregimes aus ökonomischer Sicht zu bewerten sind.

Die ökonomische Optimierung von Durchforstungen und Umtriebszeit erfolgt auf Basis eines dichteabhängigen Bestandeswuchsmodells für die Baumart Kiefer, welches im zweiten Kapitel vorgestellt wird. Anhand eines altersabhängigen Durchmesserverhältnisses (zwischen ausscheidendem Mittelstamm und dem Durchmesser des Mittelstammes vor dem Eingriff) können die Durchforstungen über die Stammzahlentnahme modelliert werden. Verbleibender und ausscheidender Bestand werden mit Hilfe einer Funktion für den erntekostenfreien Holzerlös bewertet. Das Bestandeswuchsmodell ist in MS-Excel formuliert. Die Optimierung des nichtlinearen Modells erfolgt mit Hilfe der sog. PREMIUM SOLVER PLATFORM, eines für MS-Excel verfügbaren mathematischen Optimierungsprogramms.

Zielgröße der ökonomischen Optimierung ist die Annuität. Diese wird im Falle einer positiven Zinsforderung aus dem Bodenertragswert abgeleitet. Bei 0% Zinsforderung entspricht sie dem Brutto-Waldreinertrag (d.h. vor Abzug der Verwaltungskosten). Diese Größe entspricht einem durchschnittlichen jährlichen Deckungsbeitrag oder dem sog. direktkostenfreien Erlös und wird auch bei positiver Zinsforderung dokumentiert, um die optimalen Lösungen aus der Perspektive des Normalwaldmodells bewerten zu können.

Nach einer Darstellung der bekannten Methoden zur Bestimmung der optimalen Umtriebszeit und der ökonomisch optimalen Durchforstungen anhand der Literatur wird im 3. Kapitel zunächst die Umtriebszeit bei fixiertem Durchforstungsregime optimiert. Die bekannten Optimalitätsbedingungen können gezeigt werden: mit steigender Zinsforderung geht die Umtriebszeit zurück und die Annuität wie auch der direktkostenfreie Erlös sinken.

Anschließend erfolgt die simultane Optimierung von Durchforstungen und Umtriebszeit. Es ergibt sich ebenfalls der beschriebene negative Zusammenhang zwischen Höhe der Zinsforderung und der Umtriebszeit. Darüber hinaus zeigen sich qualitative Unterschiede hinsichtlich der Durchforstungen: bei 0% Zinsforderung werden vergleichsweise mehr Stämme vor und deutlich weniger Stämme nach Kulmination des Wertzuwachses entnommen. Liegt im Sinne der Kapitalknappheit eine positive Zinsforderung vor, wird mit steigender Zinsforderung weniger stark vor und vergleichsweise stärker nach Kulmination des Wertzuwachses eingegriffen.

Es kann gezeigt werden, dass die gefundenen Lösungen dem ökonomischen Prinzip des optimalen Faktoreinsatzes folgen: auf dem optimalen Pfad wird in jeder Periode die geforderte Grenzverzinsung erreicht, d.h. die letzte in der jeweiligen Periode zusätzlich eingesetzte Volumeneinheit führt noch zu einem positiven Zielbeitrag in der verbleibenden Zeit des Umtriebs.

Mit Hilfe einer Sensitivitätsanalyse wird demonstriert, wie eine Veränderung der absoluten Höhe des erntekostenfreien Holzerlöses und der Kulturkosten die optimale Lösung beeinflusst: es verändert sich nur die Umtriebszeit, nicht jedoch das Durchforstungsregime. Die Berücksichtigung zusätzlicher Kosten pro Durchforstungseingriff führt zu einer deutlich reduzierten Zahl von Eingriffen; die qualitativen Unterschiede in Abhängigkeit von der Zinsforderung bleiben bestehen.

Durchforstungsintensität und -stärke vor Kulmination des Wertzuwachses werden auch durch den Erlösgradienten beeinflusst. Dies wird anhand eines Vergleichs der optimalen Lösungen bei unterschiedlichen Erlösfunktionen gezeigt. Je geringer die Erlöszunahme bei höheren Durchmessern, desto weniger lohnen starke Durchforstungen vor Kulmination des Wertzuwachses, weil der Volumenzuwachsverlust nicht durch einen zukünftig höheren Wertzuwachs kompensiert werden kann. Dieses Ergebnis korrespondiert mit den Resultaten einer sukzessiven Optimierung über 30-, 60-, oder 90-jährige Perioden. Bei 1,5% Zinsforderung werden bereits bei einem 30-jährigen Zeithorizont Ergebnisse erzielt, die der optimalen Lösung stark ähneln, während bei 0% Zinsforderung erst bei einem 60-jährigen Zeithorizont ähnliche Ergebnisse erzielt werden – je kürzer der Zeithorizont, desto weniger relevant wird der im Alter mögliche Wertzuwachs.

Wird die Ausgangsstammzahl verändert, wobei mit höherer Ausgangsstammzahl ein höherer Läuterungsaufwand unterstellt wird, ist bei 0% Zinsforderung immer eine niedrigere Ausgangsstammzahl vorteilhaft. Eine Läuterung bietet jedoch zunehmend keinen ökonomischen Vorteil mehr, wenn eine positive Zinsforderung erfüllt werden muss. Schließlich wird deutlich, dass ein Abweichen von der optimalen Umtriebszeit nur geringe Effekte auf Annuität und direktkostenfreien Erlös hat.

Im letzten Abschnitt von Kapitel 3 wird die Naturverjüngungswirtschaft untersucht. Optimiert wird die Länge des Produktionszyklus (Umtriebszeit abzüglich der zeitlich fixierten Schirmwuchsphase) einschließlich der Durchforstungen. Das bekannte Optimalitätskriterium für die einstufige Bestandeswirtschaft gilt ebenso: der Produktionszyklus endet, wenn das Weiserprozent die Zinsforderung unterschreitet. Zusätzlich muss während der Schirmwuchsphase die relative Wertleistung die Zinsforderung übersteigen. Auch bei dieser Betriebsform ergeben sich die qualitativen Unterschiede zwischen den Durchforstungsregimes in Abhängigkeit von der Höhe der Zinsforderung.

Im 4. Kapitel wird zunächst diskutiert, weshalb aus betrieblicher Sicht i. d. R. weder eine Strategie der Maximierung des Waldreinertrags noch des Bodenertragswertes sinnvoll erscheint. Ausgehend von zwei suboptimalen Bestandesbehandlungsregimes für eine Betriebsklasse wird dann gezeigt, wie die betriebliche Kapitalallokation verbessert werden kann, ohne den direktkostenfreien Erlös sowie den Vorratswert der Betriebsklasse zu schmälern.

In der Diskussion werden die Ergebnisse mit denen aus anderen Untersuchungen verglichen. Der Vergleich zeigt, dass das gewählte Vorgehen qualifizierte Aussagen zu den grundsätzlichen Eigenschaften ökonomisch optimaler Bestandesbehandlungsregimes zulässt.

Im abschließenden Kapitel ‚Wertung und Ausblick' wird erörtert, inwiefern die Erkenntnisse aus dieser Arbeit bei der Bewertung waldbaulicher Strategien in der Praxis helfen können: es geht weniger darum, vorteilhafte Strategien im Detail zu entwickeln, sondern vielmehr die aus ökonomischer Perspektive wichtigen Zusammenhänge bei der Analyse waldbaulicher Strategien zu kennen.

Zukünftig sollte bei der ökonomischen Optimierung die Veränderung der Durchmesserverteilung in Abhängigkeit von der Art des Eingriffs berücksichtigt werden. Außerdem wird weiterer Forschungsbedarf beim Thema optimale Bestandesbegründung, bei der Frage nach Kosteneffekten aus waldbaulichen Maßnahmen sowie bei der Modellierung der Naturverjüngungswirtschaft und bei der Einbeziehung von Risiko und Unsicherheit gesehen.

8 Literatur

ABETZ, P. 1994: Ist das Schwachholzproblem waldbaulich vermeidbar? Österreichische Forstzeitung, 105. Jg., S.17-21

ARTHAUD, G. J. UND KLEMPERER, W. D. 1988: Optimizing high and low thinnings in loblolly pine with dynamic programming. Canadian Journal of Forest Research, 18. Jg., S.1118-1122

BAADER, G. 1941: Der Kiefernüberhaltbetrieb. Eine ertragskundliche und betriebswirtschaftliche Untersuchung. Hann. Münden

BAMBERG, G. UND COENENBERG, A.G. 1989: Betriebswirtschaftliche Entscheidungslehre. 5. Auflage, Verlag Vahlen, München

BERGEN, V; MOOG, M.; KIRSCHNER, C.M. UND SCHMID, F. 1988: Analyse des Nadelstammholzmarktes in der Bundesrepublik Deutschland und dessen Beeinflussung durch die Waldschäden. Schriften aus der Forstlichen Fakultät der Universität Göttingen und der Niedersächsischen Forstlichen Versuchsanstalt, Bd. 92, J. D. Sauerländer's Verlag, Frankfurt a. M.

BORCHERT, H. 2000: Die Bestimmung der für Forstbetriebe ökonomisch optimalen Holznutzungsmengen – ein kontrolltheoretischer Ansatz. Dissertation TU München. Publiziert als "The economically optimal amount of timber cut in forests". Schriften zur Forstökonomie. Band 24. J.D. Sauerländer's Verlag, Frankfurt a. M.

BRÄUNIG, R. UND DIETER, M. 1999: Waldumbau, Kalamitätsrisiken und finanzielle Kennzahlen. J.D. Sauerländer's Verlag, Frankfurt a.M.

BRAZEE, R. M. UND MENDELSOHN, R. 1988: Timber harvesting with fluctuating prices. Forest Science, 34. Jg., S. 359-372

BRAZEE, R. M. UND NEWMAN, D. H. 1999: Observation on recent forest economics research on risk and uncertainty. Journal of Forest Economics 5. Jg. (2), S. 193-200

BRODIE, J. D. UND KAO, CH. 1979: Optimizing thinning in Douglas-fir with three descriptor dynamic programming to account for accelerated diameter growth. Forest Science, 25. Jg., S. 665-674

BRODIE, J. D. UND HAIGHT, R.W. 1985: Optimization of silvicultural investment for several types of stand projection systems. Canadian Journal of Forest Research, 15. Jg., S. 188-192

CARWSE, D. C.; BETTERS, D. R. UND KENT, B. M. 1984: A variational solution technique for determining optimal thinning and rotation schedules. Forest Science, 30. Jg. S. 793-802

CAULFIELD, J. P. 1988: A stochastic efficiency approach for determining the economic rotation of a forest stand. Forest Science, 34. Jg., S. 441-457

CAULFIELD, J. P.; SOUTH, D. P. UND SOMERS, G. L. 1992: The price-size curve and planting density decisions. Southern Journal of Applied Forestry. 16. Jg. (1) S. 24-29

CHANG, S. J. 2001: One formula, myriad applications - 150 years of practicing the Faustmann Formula in Central Europe and the USA. Forest Policy and Economics, 2. Jg., S. 97-99

CHEN, B. 2003: Applications of optimization methods to forest planning problems. Dissertation, Universität Göttingen

CLARK, C. W. 1976: Mathematical Bioeconomics. The optimal management of renewable resources. John Wiley, New York.

CONRAD, J. M. 1999: Resource Economics. Cambridge University Press, Cambridge, UK

DAUME, S. UND ALBERT, M. 2004: THICON 1.0 beta –thinning Thicon 1.0 beta – thinning consultant. http://www.nfv.gwdg.de/A/Bwinpro/Download/thicon.pdf.

DOHRENBUSCH, A. 1995: Untersuchungen zur Kiefernnaturverjüngung. In: Waldbauliche Fragen der Kiefernwirtschaft – Kolloquium anlässlich des 100jährigen Geburtstages von Adolf Olberg. Hrsg. B. v. Lüpke. J.D. Sauerländer's Verlag, Frankfurt a.M.

DUFFNER, W. 1994: Strategien für das wirtschaftliche Überleben mitteleuropäischer Forstbetriebe. BDF Aktuell, 34. Jg., S. 6-7

DUFFNER, W. 1999: Wald im Portfolio eines wirtschaftlichen Unternehmens. Forst und Holz, 54. Jg., S. 451-456

ENDRES, M. 1895: Lehrbuch der Waldwertrechnung und Forststatik. Springer Verlag, Berlin

FRANKE, G. UND HAX, H. 1994: Finanzwirtschaft des Unternehmens und Kapitalmarkt. 3. Aufl., Springer-Verlag, Berlin

FRANZ, F. 1983: Zur Behandlung und Wuchsleistung der Kiefer. Forstw. Cbl., 102. Jg., S. 18-36

FRONTLINE SYSTEMS 2004: Premium Solver Platform for use with Microsoft Excel. Incline Village, NV (USA); s.a.. http://www. solver.com

FÜRST, W. UND JOHANN, K. 1994: Modellkalkulationen zum Naturverjüngungsbetrieb bei der Fichte. Forstl. Bundesversuchsanstalt Wien. FVBA Berichte Nr. 79

GADOW, K. V. 2003: Steuerung und Analyse der Waldentwicklung. Forstw. Cbl. 122. Jg., S. 258-272

GADOW, K. V. 2004: Forsteinrichtung: Steuerung und Analyse der Waldentwicklung. Beilage zur Vorlesung. Universitätsskripte Göttingen, Göttingen

GOETZE, U. UND BLOECH, J. 1995: Investitionsrechnung. Modelle und Analysen zur Beurteilung von Investitionsvorhaben. Springer Verlag, Heidelberg

GONG, P. 1994: Forest management decision analysis. Institutionen for Skogsekonomi, Rapport 105, Dissertation 16, Umea/Sweden

GONG, P. 1995: Regeneration decision and land expectation value: numerical results of decision model evaluation and optimisation. Arbetsrapport 219, Umea/Schweden

GONG, P. 1997: Risk-efficient harvest policies with stochastic timber prices. In: Saastamoinen, O. und Tikka, S. (Eds.) 1997: Proceedings of the biannual meeting of the Scandinavian Society of Forest Economics. Mekrijärvi, March 1996, Scandinavian Forest Economics, 36. S. 109-119

HAIGHT, R. W.; BRODIE, J. D. UND DAHMS, W. G. 1985: A dynamic programming algorithm for optimization of Lodgepole pine management. Forest Science. 31. Jg., S. 321-330

HAIGHT, R. W. UND HOLMES, T. P. 1991: Stochastic price models and optimal tree cutting: results for Loblolly pine. Natural Resource Modeling, 5. Jg. (4), Fall 1991, Tempe, Arizona

HELMEDAG, F. 2002: Die optimale Rotationsperiode erneuerbarer Ressourcen. In: Backhaus, J. und Helmedag, F. (Hrsg.): Holzwege. Forstpolitische Optionen auf dem Prüfstand. Marburg, S. 11-42

HOFSTAD, O. 1991: Optimal harvest and inventory of Norwegian forests. Scandinavian Journal of Forest Research, 6. Jg., S. 551-558

HOLTEN-ANDERSEN, P. 1987: Economic evaluation of cyclical regimes in beech (Fagus silvatica (L.)). Scandinavian Journal of Forest Research 2. Jg., S. 215-225

HULTKRANTZ, L. 1991: A note on the optimal rotation period in a synchronized normal forest. Forest Science 37. Jg., S. 1201-1206

HUSS, J. 1982: Durchforstungen in Kiefernjungbeständen. Forstw. Cbl. 102. Jg, S. 3-17

HUSS, J. 1995: Neue Ansätze für die Begründung und Pflege von Kiefernjungbeständen. In: Waldbauliche Fragen der Kiefernwirtschaft – Kolloquium anlässlich des 100jährigen Geburtstages von Adolf Olberg, Hrsg. B. v. Lüpke. J.D. Sauerländer's Verlag, Frankfurt a.M.

HYYTIÄNEN, K. UND TAHVONEN, O. 2002: Economics of forest thinnings and rotation periods for Finnish conifer cultures. Scandinavian Journal of Forest Research, 17. Jg., S. 274-288

HYYTIÄNEN, K. UND TAHVONEN, O. 2003: Maximum sustained yield, forest rent or Faustmann: Does it really matter? Scandinavian Journal of Forest Research, 18. Jg., S. 457-469

JACOBSEN, J. B.; MÖHRING, B. UND WIPPERMANN, CH. 2003: Business economics of conversion and transformation – a case study of Norway spruce in Northern Germany. In Norway Spruce Conversion – Options and Consequences. EFI Research Report 18

JOHANSSON, P.-O. UND LÖFGREN, K.-G. 1985: The economics of forestry and natural resources. Basil Blackwell, UK

JUNACK, H. 1972: Probleme und Erkenntnisse aus langjähriger Praxis mit einer naturnahen Kiefernwirtschaft. Forstarchiv 43. Jg. (1), S. 1-5

KILKKI, P. UND VÄISÄNEN, U. 1969: Determination of the optimum cutting policy for the forest stand by means of dynamic programming. Acta Forestalia Fennica, Band 102 , Helsinki

KLEMPERER, W. D. 1996: Forest resource economics and finance. McGraw Hill, New York

KNOKE, TH. UND PETER, R. 2001: Zum optimalen Zieldurchmesser bei fluktuierendem Holzpreis – eine Studie am Beispiel von Kiefern-Überhältern (*Pinus silvestris* L.). Allg. Forst.- und J.-Ztg., 173. Jg., S. 2-3

KNOKE, TH. UND PLUSSCYK, N. 2001: An economic comparison of transformation of a spruce (Picea abies L.(Karst.)) dominated stand from irregular into regular age structure. Forest Ecology and Management Nr. 151, S. 163-179

LOHMANDER, P. 1992: Continuous harvesting with a nonlinear stock dependent growth function and stochastic prices: Optimization of the adaptive stock control function via a stochastic quasi-gradient method, in: Hagner, M. (editor): Silvicultural alternatives. Proceedings from an internordic workshop, June 22-25, 1992, Swedish University of Agricultural Sciences, Dept. of Silviculture, Band 35, S. 198-214

LOHMANDER, P. UND HELLES, F. 1987: Windthrow probability as a function of stand characteristics and shelter. Scandinavian Journal of Forest Research 2. Jg., S. 227-238

MANZ, P. 1987: Die Kapitalintensität der schweizerischen Holzproduktion – eine theoretische und empirische Untersuchung. Haupt Verlag, Bern

MEILBY, H. 2001: On the complex objective space characterising the economic optimisation of silvicultural strategies. In: Solberg, B. (ed.) Scandinavian Forest Economics, Nr. 37, As, Norwegen

MÖHRING, B. 1986: Dynamische Betriebsklassensimulation – ein Hilfsmittel für die Waldschadensbewertung und Entscheidungsfindung im Forstbetrieb. Berichte des Forschungszentrums Waldökosysteme/Waldsterben, Band 20, Göttingen

MÖHRING, B. 1994: Über ökonomische Kalküle für forstliche Nutzungsentscheidungen – ein Beitrag zur Förderung des entscheidungsorientierten Ansatzes der forstlichen Betriebswirtschaftslehre. Schriften zur Forstökonomie, Band 7, J. D. Sauerländer's Verlag, Frankfurt/Main

MÖHRING, B. 2001: Nachhaltige Forstwirtschaft und Rentabilitätsrechnung – ein Widerspruch? Allg. Forst- und Jagd-Zeitung, 172. Jg., S. 61-66

MÖHRING, B. 2004: Ein vereinfachender Ansatz zur Ermittlung von Ertragsverlusten bei Einschränkung der Waldbewirtschaftung. In: Löwenstein, W. et al.: Perspektiven forstökonomischer Forschung – Volker Bergen zum 65. Geburtstag. S. 103-118, J. D. Sauerländer's Verlag,, Frankfurt a.M.

MÖHRING, B. UND WIPPERMANN, CH. 2001: Betriebswirtschaftliche Aspekte der Zielstärkennutzung bei der Kiefer. Forst und Holz, 57. Jg., S. 59-63

MÖHRING, B.; WIPPERMANN, CH. UND STETTER, J. 2003: Betriebswirtschaftliche Analyse der Umstellung auf zweistufige Bestandeswirtschaft bei der Kiefer. Unveröffentlichtes Gutachten. Institut für Forstökonomie, Göttingen

MOOG, M. 1992: Zum Angebotsverhalten von Forstbetrieben – eine ökonometrische Studie. Schriften aus der Forstlichen Fakultät der Universität Göttingen und der Niedersächsischen Forstlichen Versuchsanstalt, Bd. 105, J. D. Sauerländer's Verlag, Frankfurt a. M.

MOOG, M. 2001: Increasing rotation periods during a time of decreasing profitability: a paradox? Forest Policy and Economics, 2. Jg., S. 101-116

NAGEL, J.; ALBERT, M. UND SCHMIDT, M. 2002: Das waldbauliche Prognose- und Entscheidungsmodell BWINPro 6.1. Forst und Holz, 57. Jg, S. 486-493

NÄSLUND, B. 1969: Optimal rotation and thinning. Forest Science, 15. Jg., S. 446-451

NAVARRO, G. A. 2003: On 189 years of confusing debates over the König-Faustmann formula. Verlag Dr. Kessels, Remagen-Oberwinter

NEWMAN, D. H. 1988: The optimal forest rotation: A discussion and annotated bibliography. USDA Forest Service, Southeastern Forest Experiment Station, General Technical Report SE-48, Asheville, USA

NEWMAN, D. H. 2002: Forestry's golden rule and the development of the optimal forest rotation literature. Journal of Forest Economics, 8. Jg., S. 5-27

NORD-LARSEN, TH. UND BECHSGAARD, A. 2000: Economic analysis of ecological beech stand management – illustrated by Lauenburgische Kreisforsten. Master Thesis, KVL Kopenhagen

OESTEN. G. UND ROEDER, A. 2001: Management von Forstbetrieben. Band 1: Grundlagen und Betriebspolitik. Verlag Dr. Kessel, Remagen-Oberwinter

OLIVER, C.D. UND LARSON, B.C. 1996: Forest stand dynamics. Update edition, John Wiley, New York

PLANTIGA, A. J. 1996: Forestry investments and option values: theory and estimation. MAFES Technical Bulletin 161, Bangor, USA

PRETZSCH, H. 2001: Modellierung des Waldwachstums – mit 10 Tabellen. Parey-Verlag, Berlin

RIDEOUT, D. 1984: Managerial finance for silvicultural systems. Canadian Journal of Forest Research 15. Jg., S. 163-165

RIITTERS, K. UND BRODIE, J. D. 1984: Implementing optimal thinning strategies. Forest Science, 30.Jg., S. 82-85

RITTER, H. 2004: Wirtschaftlich orientierte Forstbetriebe – Betriebsanalyse über zwanzig Jahre. Arbeitsbericht 40-2004, Institut für Forstökonomie der Universität Freiburg

ROEDER, A. UND BÜCKING, M. 2004: Forstbetriebliches Management unter Ungewissheit und Unwissenheit. In: Löwenstein, W. et al.: Perspektiven forstökonomischer Forschung – Volker Bergen zum 65. Geburtstag. J.D. Sauerländer's Verlag, Frankfurt a.M.

ROISE, J. P. 1985: A non-linear programming approach to stand optimization. Forest Science, 32. Jg., S. 735-748

RÖHE, P. 1996: Ertragskundliche und betriebswirtschaftliche Aspekte der Kiefernnaturverjüngungswirtschaft. Forst und Holz, 51. Jg., S. 38-51

SCHREUDER, G. F. 1971: The simultaneous determination of optimal thinning schedule and rotation for an even-aged forest. Forest Science, 17.Jg., S. 333-339

SLOBODA, B. 1983: Möglichkeiten der mathematischen Vorhersage der Holzproduktion im Wirtschaftswald. Forstarchiv, 54. Jg., S.134-142

SMALTSCHINSKI, TH. 2001: Regionale Waldwachstumsprognose. Schriftenreihe Freiburger Forstliche Forschung. Forstliche Versuchs- und Forschungsanstalt Baden-Württemberg, Freiburg i. Brsg.

SODTKE, R.; SCHMIDT, M.; FABRIKA, M.; NAGEL, J.; DURSKY, J. UND PRETZSCH, H. 2004: Anwendung und Einsatz von Einzelbaummodellen als Komponenten von entscheidungsunterstützenden Systemen für die strategische Forstbetriebsplanung. Forstarchiv, 75. Jg., S. 51-64

SOLBERG, B. UND HAIGHT, R. G. 1991: Analysis of optimal economic management regimes for Picea abies stands using a stage-structured optimal-control model. Scandinavian Journal of Forest Research, 6. Jg., S. 559-572

SPEIDEL, G. 1972: Forstplanung. Verlag Paul Parey, Hamburg

SPELLMANN, H. 1995: Auswirkungen von Läuterungseingriffen auf die Schwachholzproduktion. Forst und Holz, 49. Jg., S. 288-300

SPELLMANN, H. 1995: Wertertragsteigerung durch Durchforstung. Unver. Vortrag. Niedersächs. Forstliche Versuchsanstalt, Göttingen

SPREMANN, K. 1996: Wirtschaft, Investition und Finanzierung. 5. Auflage, Verlag Oldenbourg, München

STRATMANN, J. 1982: Die Bedeutung von Bestandesbehandlung und Umtriebszeit für die Massen-, Sorten- und Wertleistung der Kiefer. Allg. Forst- und Jg.-Ztg, 153. Jg., S. 77-87

STRÜTT, M. 1991: Betriebswirtschaftliche Modelluntersuchungen zu Z-Baum orientierten Produktionsstrategien in der Fichtenwirtschaft. Mitteilungen der Baden-Württ. Forstlichen Versuchs- und Forschungsanstalt, Nr. 156, Freiburg i. Breisgau

VALSTA, L. 1990: A comparison of numerical methods for optimizing even-aged stand management. Canadian Journal of Forest Research, 20. Jg., S. 961-969

VALSTA, L. 1992: An optimization model for Norway spruce management based on individual tree-growth models. Acta Forestalia Fennica 232, Helsinki

VALSTA, L. 1993: Stand management optimization based on growth simulators. The Finnish Forest Research Institute, Research Paper 453, Helsinki

WIEDEMANN, E. 1942: Kiefernertragstafel. In: Schober, R. 1975: Ertragstafeln wichtiger Baumarten. J.D. Sauerländer's Verlag, Frankfurt a.M.

WIEDEMANN, E. 1948: Die Kiefer 1948. Hannover

WIKSTRÖM, P. 2000: Solving stand level planning problems that involve multiple criteria and a single-tree growth model. Acta Universitatis Agriculturae Sueciae. Silvestria, Band 117, Umea/Schweden

WOHLERT, D.-G. 1993: Ein Modellansatz zur Erhaltung des Erfolgskapitals in Forstbetrieben. Schriften zur Forstökonomie, Nr. 5, J.D. Sauerländer's Verlag, Frankfurt a. M.

ZHOU, W. 1999: Optimal method and optimal intensity in reforestation. Acta Universitatis Agriculturae Sueciae. Silvestria, Band 110, Umea/Schweden

ZUCCHINI, W. AND GADOW, K. V. 1995: Two indices of agreement among foresters selecting trees for thinning. Forest and Landscape Research 1. Jg., S. 199-206.

SCHRIFTEN ZUR FORSTÖKONOMIE

Herausgeber

PROF. DR. RER. POL. Volker Bergen UNIVERSITÄT GÖTTINGEN

PROF. DR. RER. NAT. Horst Dieter Brabänder UNIVERSITÄT GÖTTINGEN

Bd. 1: **Monetäre Bewertung landeskultureller Leistungen der Forstwirtschaft.**
Referate und Diskussionsbeiträge zum gleichnamigen Symposium der IUFRO gehalten im Mai 1991 in Göttingen. 2., unveränderte Auflage.
Hrsg. von V. Bergen, H. D. Brabänder, A. W. Bitter, W. Löwenstein.
1993. 304 Seiten. Kart. € 16,80. ISBN 3-7939-7001-9.

Bd. 2: **Studien zur monetären Bewertung von externen Effekten der Forst- und Holzwirtschaft.** 2., überarbeitete und erweiterte Auflage.
Volker Bergen, Wilhelm Löwenstein, Gerhard Pfister.
1995. 185 Seiten. Kart. € 15,20. ISBN 3-7939-8002-2.

Bd. 3: **Vertragsnaturschutz in der Forstwirtschaft - Situationsanalyse, Entscheidungshilfen, Gestaltungsvorschläge.** 2., unveränderte Auflage.
Martin Moog, Horst Dieter Brabänder.
1994. 203 Seiten. Kart. € 15,20. ISBN 3-7939-7003-5.

Bd. 4: **Der bundesdeutsche Industrieholzmarkt von 1965 bis 1987 Eine ökonomische und ökonometrische Analyse.**
Uwe P.M. Steinmeyer.
1992. 284 Seiten. Kart. € 16,80. ISBN 3-7939-7004-3.

Bd. 5: **Ein Modellansatz zur Erhaltung des Erfolgskapitals in Forstbetrieben.**
Dirk-Georg Wohlert.
1993. 147 Seiten. Kart. € 13,70. ISBN 3-7939-7005-1.

Bd. 6: **Die Reisekostenmethode und die Bedingte Bewertungsmethode als Instrumente zur monetären Bewertung der Erholungsfunktion des Waldes - Ein ökonomischer und ökonometrischer Vergleich.**
Wilhelm Löwenstein.
1994. 206 Seiten. Kart. € 15,20. ISBN 3-7939-7006-X.

Bd. 7: **Über ökonomische Kalküle für forstliche Nutzungsentscheidungen. Ein Beitrag zur Förderung des entscheidungsorientierten Ansatzes der forstlichen Betriebswirtschaftslehre.**
Bernhard Möhring.
1994. 217 Seiten. Kart. € 15,20. ISBN 3-7939-7007-8.

Bd. 8: **Ausgewählte Beiträge zur Forstlichen Betriebswirtschaftslehre.**
(Zusammengestellt von M. Moog und Th. Schmidt-Langenhorst).
Horst Dieter Brabänder.
1995. 466 Seiten. Kart. € 20,30. ISBN 3-7939-7008-6.

Bd. 9: **Bestimmungsgründe des Außenhandels mit Stammholz: Ein Modell und dessen empirische Überprüfung am Beispiel des Nadelstammholzmarktes der Bundesrepublik Deutschland in den Jahren 1970-1989.**
Dietrich A. Herberg.
1995. 105 Seiten. Kart. € 13,20. ISBN 3-7939-7009-4.

Bd. 10: **Monetäre Bewertung der Fernerholung im Naturschutzgebiet Lüneburger Heide.**
Volker Luttmann, Hartmut Schröder.
1995. 109 Seiten. Kart. € 12,70. ISBN 3-7939-7010-8.

Bd. 11: **Der Erholungswert des Waldes: Monetäre Bewertung der Erholungsleistung ausgewählter Wälder in Deutschland.**
Peter Elsasser.
1996. 246 Seiten. Kart. € 16,80. ISBN 3-7939-7011-6.

Bd. 12: **Forstliche Bewertungen und Planungen: Programm für Bestandes-, Betriebsklassen-, Revier- und Betriebsentwicklungen.**
Ferenc Kató.
1996. 87 Seiten. Kart. € 14,80. ISBN 3-7939-7012-4.

Bd. 13: **Privatisierung staatlicher Forstbetriebe - Eine ökonomische Analyse zur Deregulierung im Bereich der Forstwirtschaft.**
Jens Borchers.
1996. 268 Seiten. Kart. € 16,80. ISBN 3-7939-7013-2.

Bd. 14: **Die Besteuerung privater Forstbetriebe - Der Einfluß der Besteuerung auf betriebliche Entscheidungen.**
Bernhard Graf Finckenstein.
1997. 155 Seiten. Kart. € 15,20. ISBN 3-7939-7014-0.

Bd. 15: **Nutzen-Kosten-Analyse des Wasserschutzes durch eine Aufforstung.**
Roland Olschewski.
1997. 155 Seiten. Kart. € 15,20. ISBN 3-7939-7015-9.

Bd. 16: **Berücksichtigung von Risiko bei forstbetrieblichen Entscheidungen.**
Matthias Dieter.
1997. 211 Seiten. Kart. € 16,80. ISBN 3-7939-7016-7.

Bd. 17: **Ein Controllingsystem 'Naturgemäße Waldwirtschaft'.**
Klaus Merker.
1997. 212 Seiten. Kart. € 16,80. ISBN 3-7939-7017-5.

Bd. 18: **Waldumbau, Kalamitätsrisiken und finanzielle Erfolgskennzahlen - Eine Anwendung von Simulationsmodellen auf Daten eines Forstbetriebes.**
Rainer Bräunig, Matthias Dieter.
1999. 149 Seiten. Kart. € 15,20. ISBN 3-7939-7018-3.

Bd. 19: **Erfassung und Bewertung regionaler Hochwasserschutzleistungen von Wäldern - dargestellt am Beispiel des Wassereinzugsgebietes der Vicht.**
Thomas Grottker.
1999. 298 Seiten. Kart. € 19,20. ISBN 3-7939-7019-1.

Bd. 20: **Bürokratiekosten in privaten Forstbetrieben.**
Thomas Scheeder.
1999. 112 Seiten. Kart. € 15,20. ISBN 3-7939-7020-5.

Bd. 21: **Bilanzierung des Waldvermögens im betrieblichen Rechnungswesen.**
Daniel M. Müller.
2000. 267 Seiten. Kart. € 19,20. ISBN 3-7939-7021-3.

Bd. 22: **Die Forstwirtschaft im Volkswirtschaftlichen Rechnungswesen.**
Sven Gutow, Hartmut Schröder.
2000. 379 Seiten. Kart. € 20,40. ISBN 3-7939-7022-1.

Bd. 23: **Portefeuille- und Real-Optionspreis-Theorie und forstliche Entscheidungen.**
Matthias-Wilbur Weber.
2002. 197 Seiten. Kart. € 17,50. ISBN 3-7939-7023-X.

Bd. 24: **The Economically Optimal Amount of Timber Cut in Forests – An Approach by Control Theory.**
Herbert Borchert.
2002. 183 Seiten. Kart. € 15,80 ISBN 3-7939-7024-8.

Bd. 25: **Perspektiven forstökonomischer Forschung.**
Hrsg. von Wilhelm Löwenstein, Roland Olschewski, Horst Dieter Brabänder und Bernhard Möhring.
2004. 200 Seiten. Kart. € 17,50. ISBN 3-7939-7025-6.

Bd. 26: **Douglasie versus Fichte: Ein betriebswirtschaftlicher Leistungsvergleich auf der Grundlage des Provenienzversuches Kaiserslautern.**
Armin Heidingsfelder und Thomas Knoke.
2004. 117 Seiten. Kart. € 15,20. ISBN 3-7939-7026-4.

Bd. 27: **Der Stockverkauf ganzer Hiebsparzellen im öffentlichen Wald Frankreichs: Eine vergleichende Organisationsanalyse auf institutionenökonomischer Grundlage.**
Jörn Westphal.
2005. 350 Seiten. Kart. € 22,- ISBN 3-7939-7027-2.

Bd. 28: **Mikroökonomische Analyse des bundesdeutschen Spanplattenmarktes.**
Stefanie von Scheliha.
2005. 222 Seiten. Kart. € 20,-. ISBN 3-7939-7028-0.

Bd. 29: **Umsetzungsmöglichkeiten des Vertragsnaturschutzes in der Forstwirtschaft.**
Maximilian von Petz.
2005. 281 Seiten. Kart. € 21,-. ISBN 3-7939-7029-9.

Bd. 30: **Ökonomische Optimierung von Durchforstungen und Umtriebszeit – Eine modellgestützte Analyse am Beispiel der Kiefer.**
Christian Wippermann.
2005. 133 Seiten. Kart. € 17,-. ISBN 3-7939-7030-2.